24小時解放臺灣？

中共攻臺的N種可能與想定

黃河——著

自序

好久不見

二〇二〇年五月二十一日，時報出版和我連絡，希望我寫一本有關「中共武統」的書。

是的，一本書，不是一篇文章。

我直覺的反應是「算了」，畢竟閒散好久，整整十四年不曾寫長篇小說。至於文章，「擺渡黃河」每週一篇，對打字如飛的我是小菜一碟。

可是繼而一想，為什麼不試一試？

何必那麼快就拒絕出版社的盛情？是不是應該先想想要寫什麼？怎麼寫？如果沒有好點子，再拒絕也不遲。

因而我回覆：請給我七天，下週再做決定。

接下來我盡可能待在書房，每天就做一件事：上網找資料研究。

研究到第四天，我提前回覆出版社「願意」。至於交稿時間，因為「中共武統」這話題正熱，我主動承諾「一個月之內」。

縱然我打字如飛、寫作經驗豐富、鬼點子多，然而一個月對我也是壓力。

為了實現諾言，我謝絕所有活動，甚至臉書、賴、伊媚兒、電子報……，全都盡可能不看。

一旦投入，我就是全心全力，每日思緒翻騰、輾轉難眠。

如此這般衝刺九天，終於在六月三日完成初稿。

寫完後我自己都有點訝異，速度如此之快！

謝謝時報出版的邀請，讓我有重溫寫作樂趣的機會，也進而造就我能夠跟支持黃河的讀友說一聲：好久不見！

好久有多久呢？

整整十四年。

如果當年生個娃，如今已是國中二年級的學生！

目錄

空降攻占機場、大規模空降、反輻射飛彈攻擊、戰術導彈／遠程火箭砲攻擊、巡弋飛彈攻擊、太空戰、非核「電磁脈衝彈」攻擊、核電磁脈衝彈攻擊、戰術核武攻擊、戰鬥機攻擊、轟炸機攻擊、遙控無人「戰機」攻擊、無人機群攻擊、兩棲登陸、空降攻占港口、航母戰鬥群阻絕美軍靠近臺海、生化武器攻擊、傳統核武攻擊

楔子

勢在必行

許多人好奇中共會攻打臺灣嗎？

以前我不認為，如今「會」的感覺越來越強烈。

兩岸的「戰爭」、「和平」如同天秤的兩端，中間有個法碼。馬英九時代，法碼持續往「和平」方向推；蔡英文上臺，法碼持續往「戰爭」方向走。何時法碼會越過紅線，天秤墜向某一端，只有上帝才知道。

二〇二〇年蔡英文以史無前例的高票當選，我既難過又失望，因為心底清楚地明白：兩岸回不去了！

未來除了憑藉武力，北京難以統一臺灣。

果真北京發動武統，戰爭會是什麼型態？

本書提出三種「想定」，分別是大打（烽火連天）、小打（擒賊擒王）、不打（窒息封鎖）；不管哪一種，從戰爭發起到結束，都在二十四小時之內。

不可能嗎？

請看完本書第四、五、六章——武統想定，再說可不可能。

第一章……武統規模

同為炎黃子孫，兩岸走到今天這境界，令人痛徹心腑！

也所幸同為炎黃子孫，未來就算武統，不至於像二次大戰的對日抗戰——敵我不共戴天，非得殺到最後一兵一卒。

兩岸同根同源，即使要打，也會收斂在某個範圍之內。

打到赤地千里、腥風血雨的機率不高。

當然，「不高」也是「有一點高」，總讓人提心吊膽。
然而想一想以下前提，兩岸戰爭可能打到什麼規模？

一、解放的定義

二十四小時解放臺灣，「解放」是什麼意思？
簡單一句話，四個字：放棄獨立。
或是更正確地說：接受北京提出的臺人治臺、一國兩制、五十年不變。
這不是六、七十年前，中國共產黨喊得震天價響的「血洗臺灣」。
這不是日據時代，遭受奴役與剝削的「次等國民」。

再看今日中國大陸，人民還是一窮二白，生活在水深火熱的鐵幕嗎？解放不是「生與死」、「自由與奴役」的天壤之別。

既然不是天壤之別，再加上同文同種，誰會為獨立拚到最後一槍一彈？不要說統一的支持者，或是一般小市民，職業軍人可能都如此。

二十多年前我還在軍中，聽過一個小道消息，你可以把它當成笑話：倘若爆發統獨戰爭，找個藉口逃兵，躲到戰爭結束，不過幾天、幾週臺灣便可能變天，屆時新政府會追究逃兵的責任嗎？

別說追究，可能還把你當成英雄。

何苦流血流汗、拚死拚活，為臺獨付出生命？

二、經濟主導世局

早年我認識一位支持統一的朋友，後來進入商場，交了許多臺獨分子。最近幾年碰到他，非常意外……，或一點都不意外，他出錢出力，成為臺獨急先鋒。

問他為何有此轉變？

他淡淡回了四個字：為了生意。

不要瞧不起別人，不妨問自己：如果對岸請你到上海工作，月薪五萬人民幣，你去或不去？

聽過「天下熙熙，皆為利來；天下壤壤，皆為利往」嗎？

這句話是一代史學大家司馬遷的名言，意思是：天下人忙忙碌碌奔波不休，不過是為了自己的利益；天下人拚死拚活爭來奪去，不過是為了浮名虛利。

古時如此，今天如此，未來也如此。

主導人間事物的始終是利，也就是今日所說的經濟。

每個人都有理想，然若與維持溫飽的經濟相違背，大部分都如摧枯拉朽般不堪一擊。

兩岸統獨之戰，尤其如此，因為臺灣經濟過度依賴大陸。

經濟不獨立，政治不可能獨立。

現代戰爭有「七分經濟、三分軍事」的說法，果真如此，臺灣如何撐得過對岸鋪天蓋地的經濟封鎖？

假如連經濟封鎖都難以撐過，又如何可能全面開戰？

三、政治凌駕軍事

倘若有機會參加軍中兵棋推演，可能會發現職業軍人的作戰觀念多半遵循三部曲：

（一）敵有什麼？

（二）我有什麼？

（三）如何傾我所有殲滅敵人。

正因為遵循此三部曲，坊間出現許多危言聳聽的「臺海大戰」，一腦門的「臺灣有什麼，大陸有什麼，雙方傾其所有進行世紀大決戰」——果真戰爭如此進行，這世界早已被人類毀滅了十遍。

戰爭不是「你有什麼、我有什麼」，單純的軍事力量對撞。

軍事只是手段，決定開戰關鍵的是政治。

政治是避凶趨吉的妥協術，非得到忍無可忍的時候，軍事不會上場。

特別是近代，先進武器的殺傷力無與倫比，政治人物對戰爭都是小心再小心、忍耐再忍耐。好比說二〇一七年朝鮮危機，記得那時川普與金正恩是如何對嗆嗎？

美朝大戰似乎一觸即發啊！

結果呢？

正當世人心裡七上八下，川普與金正恩已前嫌盡釋，兩人甚至來了個相互稱讚、彼此擁抱！

這就是政治。

不被逼到忍無可忍，沒人敢挑起腥風血雨的戰爭！

四、速戰速決

兩岸若爆發戰爭，首要考量是速戰速決，原因之一是避免外國勢力介入，之二是無論人口或飛彈密度，臺灣排名都居全球第二——如此人煙稠密的小島，擁有如此多的攻擊性武器，戰爭一旦全面開打，你能想像傷亡可能有多麼嚴重嗎？

二次大戰是刺刀對刺刀、子彈對子彈、砲彈對砲彈。

今天敵人還沒見到，壓下幾個按鈕，數百公里之外就可能屍山血海。

臺灣如此，大陸不也如此？

衷心奉勸兩岸領導人，啟動戰爭之前，請先問自己有沒有速戰速決的把握？

如果沒有，不要輕啟戰端。

萬一以為有，戰爭開打之後卻發現失算，為了兩岸生靈，不管何時、何地、何種狀況，都應立即終止戰爭。

戰爭拖得越久，雙方傷亡越大，彼此仇恨也越深，最終打到六親不認、你死我活，誰勝誰負又如何？

未來兩岸若不幸爆發戰爭，與其打三個禮拜，不如打三天；與其打三天，不如打三個小時；與其打三個小時，不如打三分鐘！

第二章……武統準備

為了速戰速決，北京在武統之前必須有所準備。

大體而言，準備工作分以下四個方向：

一、爭取更多朋友

明確表達北京反對的是臺獨，不是臺灣人民，不是臺灣政府，不是臺灣軍隊。更要清楚地傳達：只要不支持臺獨，不管你的身分是什麼，政治理念是什麼，都是北京的好朋友。

接著請虛心檢討，香港一國兩制為什麼失敗？倘若臺灣接受一國兩制，如何避免重蹈覆轍？如何讓臺灣人民相信北京的保證？

以上種種檢討、說明、保證……，對臺獨分子固然是對牛彈琴，但是如果連個「說法」都沒有，統一的支持者又如何幫北京說項？

文統雖然失敗，但是不能放棄。

尤其不能以為自己富了、強了，表現出霸權心態。

請虛心與耐心地處理臺灣問題，竭盡所能避免戰爭，真心誠意為中華復興努力，日久終會見人心，也能夠贏得民心。

二、打擊臺獨政府

揭露臺獨政府貪贓枉法、欺善怕惡、上下收賄的證據，例如哪個官員在哪幾個戶頭有多少錢、誰透過什麼管道洗錢、某重大購案回扣占多少、誰是幕後黑手、誰是白手套、誰是政治蟑螂？

另外，臺獨政府口口聲聲民主自由，然而執政這幾年，他們如何收買媒體與名嘴？如何制約輿論？如何運用公權力打擊異己？如何花公帑擴張自己聲勢？又立下多少縮限人民自由的法案！

總之，武統之前政治手段必須萬箭齊發，除了爭取更多民心，更要製造人民對臺獨政府的不滿。

三、確保美國袖手旁觀

統一的關鍵不在臺北和北京的關係，而在北京和華盛頓的關係。

試想美國如果支持統一，臺獨能撐多久？

不過，做為世界民主的標杆，想要美國支持統一，難度非常高。

由於難度非常高，因此要多角度更細緻的操作。好比收買美國重量級官員與國會議員，透過不同管道影響媒體、智庫、意見領袖……，不單據理力爭，更要花「大錢」說「重話」。

此外，美國不是完美的國家，本身就存在許多問題，例如新冠病毒、種族歧視……，要滲透到它的內部，想辦法擴大國內的混亂。

內部著力以外，外在也不能鬆手。例如暗助朝鮮反美，提供伊朗精密武器，與蘇俄進行聯合演習……，總之所有可能讓美國頭痛的國家，能夠合作，都要合作。

妥善操控與運用美國國內與國際形勢，讓武統時美國忙於應付其他問題。等到美國閒下來，有能力他顧，速戰速決的武統已經結束。

四、製造事端，給武統找藉口

所謂「師直為壯」，古今中外都是一個道理。

未來兩岸若不幸爆發戰爭，讓受責的一方是臺北，不是北京！

第三章……武統三何

看到這，或許讓某些朋友丈二金剛摸不著頭腦。你前面談了兩章有太多的可能、太多的想像……，除非對武統有深入研究，否則腦袋瓜子必然一盆漿糊。

假如你也有這種感覺，建議你面對複雜問題時，不要被亂七八糟的表象迷惑，請冷靜理智地找出問題核心。

核心是關鍵，所有表象都繞著它打轉。

針對武統，核心有三個，那就是「為何、何時、如何」的三何問題。

一、為何武統？

依據國防部《解放軍軍力報告書》，解放軍攻臺時機包含以下七個：

（一）臺灣宣布「獨立」。

（二）明確朝向「獨立」。

（三）內部動盪不安。

（四）臺灣獲得核武器。

（五）海峽兩岸和平統一對話延遲。

（六）外國勢力介入臺灣島內事務。
（七）外國兵力進駐臺灣。

所謂「攻臺時機」就是：若出現前述七個現象之一，解放軍就會攻臺；也就是本節的標題：為何武統？

換句話說，為何的原因就是這七個。

這七個原因是國防部一群專家，經過深入研究與討論的結果，我不得不說：雖不中亦不遠矣。

不過，七個，會不會多了點？

能不能簡化，濃縮出它的核心？

請回頭看前面七個原因，能找出它們的共同點嗎？

其實說穿了不就是「統一」，或是更正確地說：統一臺灣？

解放軍攻臺的核心是什麼？

北京念茲在茲的「統一臺灣」。

假如某事件發生，讓北京有統一的勝算，解放軍就可能攻臺。勝算越高，機率就越高。

反之，與統一對立的是獨立——如果臺灣獨立，統一無望，解放軍也會攻臺。

同樣的，獨立的可能性越高，攻臺的機率就越高。

如何避免解放軍攻臺？

不要讓北京覺得統一有「可乘之機」，或覺得臺灣「即將獨立」。

二、何時武統？

何時的核心仍然是「統一」，但是進一步可以細分成三個條件，如果以下三個條件都滿足，不要懷疑，那就是解放軍攻臺之日：

（一）和統無望：民進黨執政這五年已經滿足了這個條件，特別是二〇二〇年一月，蔡英文以史無前例的高票連任；緊接著六月，曾經襲捲全臺，被稱為「百年政治奇才」的韓國瑜，竟成為臺灣第一個被罷免的地方首長。兩次選舉都證明未來和統無望。因為靠選票決定政治版圖的臺灣，日後將成為民進黨的囊中物。

（二）武統必勝：以兩岸「政經軍心」的實力，此條件現在也已滿足，之所以解放軍沒有行動，主因在美國。假如中美全面開戰，解放軍「有信心」擊敗美軍的日子，依習近平的願景是二〇五〇年。可是，戰爭勝負決之於「軍力」與「戰鬥意志」；北京對統一有絕不退讓的意志，美國有可能為臺獨與中國全面開戰嗎？

（三）師直為壯：師直為壯就是找個藉口。雖說欲加之罪，何患無辭，但是要臺灣人民信服——北京因臺灣挑釁，被逼得「不得不」攻臺，仍有一定的難度。

看到這你應明白，何時武統的三個條件只差一個「藉口」，因而解放軍何時會攻臺，答案掌握在民進黨手中。

假如民進黨明天宣布成立臺灣國，下個月就是解放軍攻臺之時。民進黨很清楚這個事實，所以不管獨立喊了多久，始終不敢行動。

倘若兩岸形勢繼續拖下去，解放軍又會在何時攻臺？

如果沒有其他重大意外事件發生，可能在下次總統大選。

如果民進黨勝券在握，很可能就是武統發起之年。

所謂勝券在握是支持度「一面倒」，民進黨能夠穩坐江山二、三十年——

北京可能忍耐嗎？

縱然北京能夠，民進黨也忍不住。

一旦踩到北京畫下的紅線，那就是解放軍攻臺之時。

韓國瑜被罷免次日，日本《產經新聞》引述不具名民進黨人士指出，市長罷免案通過，將有助於促進美國和臺灣之間的軍事交流。高雄有東亞首屈一指的軍港，美國軍艦停泊的構想至少從三年多以前就已浮上檯面，然而因中國的強烈反彈，以及韓國瑜的消極以對，這才不了了之。

看到這則新聞的時候，本書已完成初稿，幾乎和「第四章武統想定一：烽火連天」如出一轍，看得我一面搖頭苦笑，一面感傷喟嘆！

假如你對美艦靠泊臺灣軍港懷有期待，麻煩你先看看「烽火連天」。果真發生此事，即使不烽火連天，「窒息封鎖」也在所難免。

不信嗎？

若不信，不妨試試。

三、如何武統？

三何問題中最複雜、最難以回答的就是「如何」！

同樣依據國防部《解放軍軍力報告書》，裡面對於攻臺模式做了以下四種推測：聯合軍事威懾、聯合封鎖作戰、聯合火力打擊，以及奪占外島作戰——傳統的軍事思維，全部集中在軍事手段，不符合兩岸「同文同種」的關係。

不要忘了，為數不少的臺灣人支持統一。

「為數不少」有多少？

絕不少於幾百萬。

北京再笨再呆再傻，也絕無可能忽視這群朋友。

我敢預測：未來解放軍攻臺，必然有臺灣人參與。

例如退伍軍人協助擬定作戰計畫或參與行動，一般百姓刺探情報與進行社會破壞，知識分子口誅筆伐臺獨政府……，再不成，很大一群小老百姓會袖手旁觀。

也因為這些原因，統獨之戰時臺灣內部必亂成一團：藍綠互鬥、統獨對嗆、股市崩盤、匯市急跌、逃兵驟增、社會搶案頻傳、出國機位一票難求……，政府為了維持社會穩定，不得不採取高壓統制。

全國上下一心，戰到最後一兵一卒，幾乎是天方夜譚。

果真如此，你認為未來統獨之戰會如何進行？

變數太多太多，不過基本上都是臺灣職業軍人的工作。對於小老百姓，很可能出國，或躲到安全的地方，然後冷眼旁觀。

冷眼旁觀又可能看到什麼景象？

與其天馬行空胡亂臆測，不妨使用解放軍三大作戰指導來分析：

（一）作戰限制：

(1) 不使用核武。

(2)不傷及無辜：雖說戰火無情、刀槍無眼，然而擬定的「作戰計畫」不可以違背這原則，好比說使用導彈將馬公市炸個稀巴爛，不會是解放軍攻臺選項。

(3)避免引起國際衝突：

①速戰速決：國際勢力來得及反應以前，戰爭已然結束。

②特攻奇襲：類似「第五章武統想定三：擒賊擒王」。

（二）作戰任務：逼迫臺灣坐上談判桌。

（三）終戰條件：臺灣接受一國兩制，北京完成統一使命。

講到這，我想為三何問題做個小結：

一、為何武統：北京對和平統一「死絕了心」。

二、何時武統：北京在等一個「讓臺灣人民信服」的藉口。

三、如何武統：裡應外合、速戰速決、避免傷及無辜。

對臺灣而言，由於速戰速決，動員後備軍人根本來不及，所以統獨之戰只有職業軍人參與；又因為民心分成統獨兩派，因而社會亂成一團，造成多數沉默的小老百姓只會置身事外。

以上分析是站在世事如常，萬事萬物皆朝預期的方向發展。

可是，世事如常嗎？

我年逾六十，從不曾見識某一年像今年（二〇二〇年）這般令人驚異連連！不必細究，概略想想就有：

元月二日黑鷹直升機墜毀，造成參謀總長等八死五傷，這是史上最嚴重的「將領空難」。三軍的大家長——參謀總長意外死亡，有如一記喪鐘，為不吉不利的二〇二〇年敲開序幕：

香港反送中，黑衣人街頭流血暴動看得人心惶惶。

英國脫離歐盟，引起國際金融圈的惴惴不安。

新冠疫情彷彿平地一聲雷，封城的封城、封國的封國，規模創史上之最。

國際股市如搭乘失速電梯般狂瀉。

油價出乎意料地崩跌。

老字號餐館與飯店陸續關門。

多少名人相繼離世！

非洲面臨七十年來最嚴重的蝗災。

金正恩病逝的傳說撼動世人。

中美兩強對撞。

海峽艦機來來往往，兩岸局勢持續增溫，解放軍攻台的言論甚囂塵上。

北京強推香港《國安法》，香港街頭暴動再次被點燃。

美國警察虐殺黑人引起全國性暴動，許多城市宵禁，川普甚至揚言動用軍隊鎮壓。

六月六日，高雄市長遭到罷免，當晚市議會議長跳樓自盡。

＊＊＊

短短不到半年，多少令人驚心動魄的事情出現在世人眼前，雖不敢講蒼天已死，卻感覺老天爺似乎在偷懶睡覺。

接下來世局會如何演變？

美國即將在十一月舉行總統大選，目前聲勢落後的川普，以他自認聰明絕頂、任性妄為、為達目的不擇手段的商人個性，選前會如何利用國家機器展開絕地大反攻？

大家不妨拭目以待，這個不吉不利的年才走了一半。

今年是鼠年，庚子年，潤四月，雙春節，非常奇特的一年。縱然我是孔子「子不語怪力亂神」的忠實信徒，卻也讓我疑慮重重：接下來幾天、幾週、幾個月，會不會發生其他更嚴重、更混亂的大事？

如果有，希望不是解放軍攻臺。果真解放軍攻臺，冷靜想想又如何？

管他誰勝誰負，跟我們小老百姓有什麼關係？

中共統一臺灣，會血洗臺灣或奴役臺灣人民嗎？

如果會，我們應戰到最後一兵一卒。

如果不會，而且還能維持一樣的工作，拿一樣的薪水，過一樣的日子，拚死拚活是為了誰？

第四章……

武統想定一：烽火連天

所有國家對可能的國安威脅都會擬定作戰計畫。例如臺海危機，前總統李登輝曾說臺灣有十八套劇本。

每一套劇本都是一個作戰計畫。

然而再多的計畫，往往趕不上變化。

身處實戰，左右戰局的是敵我雙方的反應——如果敵這樣，我就那樣；如果敢那樣，我就這樣……。特別是統獨之戰不是「你死我活」的殲滅戰，而近乎是一場你來我往的「互動」，只要沒有達到「終戰條件」，不管何時何地，戰況發生到什麼階段，決策者不僅要思考「如何應付眼下問題」，更要考慮：然後呢？

很簡單的三個字——然後呢，可能是統獨之戰最嚴肅的課題。

好比說，臺北決定攻擊三峽大壩，決策者該不該思考：然後呢？

又好比說，北京決定轟炸臺北市，決策者該不該思考：然後呢？

從某個角度看，「然後呢」是超前部署。倘若不考慮「然後呢」，戰爭必定越打越大、越打越凶、越打越慘……，最終雙方打得面紅耳赤，滿腔滿腹只剩下仇恨，誰受利？誰又樂見這一幕？

人是情緒化的動物，本來低落的民心士氣，可能因為一件事、幾句話，徹底扭轉戰局。而這「徹底扭轉」，事先沒有一位學者專家能夠預見，然而它就是如奇蹟般地發生了！

戰場瞬息萬變，不管是北京或臺北，不要對挑起戰爭之後的演變有太高的自信！

以為一定怎麼樣嗎？

雙方你來我往互動的結果，往往超乎事先研判。

以下想定是我充分發揮專業與幻想的結果。當然，這是站在「二十四小時解放臺灣」的角度；假如反過來研究，必然是另一個故事。

至於想定內容，「D日H時」為武統發起的日子與時刻。

D日之前為「準備工作」，之後以「小時」區隔——沒細到幾分幾秒。

細節不重要。正如同一旦打起來，發射多少枚導彈、派出多少架戰機，重要嗎？

如果覺得數字太少，心裡不妨加一點。

如果覺得數字太多，心裡不妨減一點。

數字與細節不是本書的重點。

本書的重點在概念：如果對岸依樣畫葫蘆，有沒有成功的可能？

D日H時：五月五日上午十點

D減一百七十二日

左營，艦隊指揮部

作戰處長正在吃排骨便當，電話鈴聲響了。他右手拿著筷子，左手取了話筒：「喂？」

「おが〇ぁ〇……」

話聲又急又快，處長一個字都沒聽懂，斷喝一聲「停」，再厲聲令道：「慢慢講！」

講話的速度總算慢了下來，處長聽了幾秒，兩眼騰地大睜，起身便往門外飛奔。

左營軍港，東三碼頭

艦隊指揮官不可置信地看著眼前這一幕，美國海軍神盾級驅逐艦緩緩駛來。

碼頭旁邊停了三輛救護車。

作戰處長拿著手機一邊說話，一邊從遠處走來。

指揮官轉身看著處長。

處長將手機遞上前：「參謀總長要和您講話。」

指揮官接過手機，聆聽幾秒，然後說：「美艦發生意外，三個士兵重傷，正好航行到臺南外海，為了搶救人命，直接就開進左營港。」

臺北，總統府

總統府祕書長帶著微笑走進記者會會場，清清喉嚨，再說：「今天中午，美國海軍神盾級驅逐艦貝瑞號靠泊左營軍港，這是臺美兩國的歷史新頁，這也清楚地表示，臺美關係是前所未有的緊密……」

北京，中南海

中共中央總書記坐著，前面站著外交部部長、總參謀長、國務院對臺辦公室主任。往日這種場合，大家都會坐下，今天可能總書記太生氣，忘了示意大家坐下。

總參謀長依據情報單位提供的資料，客觀分析道：「四個理由支持這是陰謀：

「一，送到醫院的三個戰士，傷勢沒有嚴重到分秒必爭的地步。

「二，高雄商港就在旁邊，沒必要進左營軍港。若說時間緊迫，美艦繼續北上，澎湖醫院的距離更近。

「三，這種違反中美關係法的行為即使要做，也應該低調，臺灣方面卻是敲鑼打鼓。

「四，救人就針對救人，受傷戰士送上救護車，美艦應該盡快離開。可是直到現在，八個多小時，美艦仍靠泊在左營。」

部長接續補充：「不單沒離開，臺灣海軍司令員還專程南下，宴請美艦艦長晚餐。」
主任緊接一句：「所有新聞台都做了晚宴現場連線報導。」
聽完報告，總書記怒容滿面。
總參謀長輕聲問：「要不要……」
總書記舉起手掌。
大家明白，不要動用軍隊。
部長試探道：「對臺灣方面和美國發出嚴正抗議？」
總書記點頭。
主任請示：「去函海基會嚴正抗議？」
總書記點頭。三個中央領導的建議都說完了，總書記打個手勢，示意眾人離開。

當辦公室只剩下總書記一個人，他彎身打開辦公桌最下層抽屜，從裡面取出一支空杯、一瓶茅台。打開瓶蓋，往杯裡倒了一公分……，看看再加一公分……，然後又加一公分……，最後索性斟滿。

幾乎兩百 CC，總書記仰頭一飲而盡。

D減一百六十五日

臺北，總統府

聽完專案報告，總統微笑看著國安團隊。

國安會副祕書長十分機靈：「還是總統有眼光，早就說北京只會抗議。」

國安會祕書長接口道：「就算要採取具體行動，對象也是美國，是他們的軍艦強行進入我們港口，我們能怎麼辦？」

海基會會長點頭：「這就是我回覆海協會的基調。」

機靈的副祕書長再度發言：「恭喜總統，您的民調最近增加了二十八個百分點，支持度創下上任以來新高。」

「這是大家共同的努力，做得很好。」總統微一頓，面容忽然嚴肅起來，顯然以下才是重點：「我們是不是可以做得更好？」

D減一百四十七日

洛杉磯，四季酒店

國安會駐美代表已年過五旬，眼前這位年輕人三十不到，附近沒有其他人，但兩人講話的聲音都壓得很低。

大部分是代表在講話。他身子微微前傾，臉上始終保持笑容，連桌上的紅酒杯都不太敢碰。不是他不喜歡紅酒，而是眼前這年輕人太喜歡高檔紅酒，所以他點了瓶三千四百美元的紅酒。為了讓年輕人多喝一點，他自己只好忍著少喝。

每當年輕人的酒杯剩下淺淺的一點，他立刻畢恭畢敬拿起酒瓶，親自為年輕人斟酒。

第一次斟酒時服務生快步而來，代表舉手制止。服務生明白了，客人不希望受到干擾。

不知談了多久，紅酒將要喝盡，代表指了指酒瓶：「再來一瓶？」年輕人看看手錶，站起身來：「等下還有事。」

代表連忙側身，提起「佳德鳳梨酥」紙袋，裡面方方正正三大盒。「臺灣名產，不成敬意。」代表雙手奉上：「請向你父親轉達我們總統對他的問候。」

聽到這句話，年輕人想到什麼，拍拍自己腦門：「差點忘了，前天和喬治談到你，他說如果有適當機會，會親自打電話到臺北。」

喬治是年輕人的父親。

代表連說三聲「謝謝」，深深一鞠躬。

D減一百零五日

高雄港，新濱碼頭

海軍司令、戰政部主任、艦指部指揮官……，九位海軍高階將領等候在碼頭。

出現在他們眼前的是美國海軍第七艦隊神盾級巡洋艦。

巡洋艦之後，還有兩艘神盾級驅逐艦，此時正在港外等候進港。

看來還要等一段時間。司令無聊地在原地踱方步，邊走邊想。

政戰主任向前兩步：「晚餐地點安排好了。」

聽到晚餐，司令覺得壓力好大，因為他的英文不好。上次晚餐他如鴨子聽雷，從頭到尾都裝著笑臉。想到這，他悄聲問：「我可不可以不去？」

政戰主任壓低了聲音：「總統很重視這頓晚宴。」

中南海，八一七大樓

中共中央總書記坐在首位，其餘十六位中央領導靜默不語。

總書記臉上猶似結了一層寒霜：「這次是什藉口？」

外交部長回道：「雷根號航母裝備故障，錨泊在高雄海域搶修，其他船因為缺乏食物，所以進入高雄港整補。」

「準備停多久？」

「目前的講法是三天。」

總書記目光轉向對臺辦主任：「海基會有主動說明嗎？」

「兩會溝通管道全斷了，不會主動說明任何事，即使發出詢問，通常回覆也要等好幾天。」

總書記思索片刻，然後說：「國防部長和總參謀長留下，其他同志先回去，研究臺灣方面下一個可能動作，黨又該如何處理？」

D減八十九日

臺北，衡山指揮所

巨型螢幕清楚標示中共導彈軌跡，國防部長全程在現場監視。

部長身旁是情報參謀次長與參謀總長。

軌跡才出現，次長便說：「那是安徽黃山，二砲六十一基地。」

部長問：「哪一型導彈？」

「目前無法判斷，不過六十一基地配備的是東風二十一C、東風十六、東風十五B，以及東風十五C。」

部長拿出小筆記本，記下重點，然後繼續盯著螢幕。

軌跡朝西南方向而去，很快通過海岸，最終落在基隆北方大約一百五十公里的位置。

次長心裡盤算了一下：「射程六百五十公里，應該是東風十六。」

部長再次拿筆寫下重點，同時問：「為什麼不是其他三型導彈？」

「東風十五B或東風十五C，最大射程六百，東風二十一C超過一千八百，東風十六最大射程一千。」

「實彈或空彈？」

「等下『S七〇』會到現場，如果觀測有結果，我再向部長報告。」

S七〇是海軍艦載直升機，已經在基隆以北的彭佳嶼海域待命。

部長轉身向外走去，因為趕著向總統面報。

參謀總長與次長跟在部長身後。

部長邊走邊問：「還有什麼事情總統可能會問？」

參謀總長提醒：「自從雷根號錨泊高雄，共軍繞臺活動大規模增加，戰機是以前六點七倍，戰艦是以前三點一倍。」

彭佳嶼海域，S七〇直升機

收到衡山指揮所傳來的「彈著點」位置，正駕駛立即增速，九分鐘後飛抵目標區。

直升機減速，慢慢在附近盤旋。

副駕駛使用望遠鏡四下觀看，忽然對著西北方喊道：「那，在那！」

正駕駛操控直升機左轉，沒多久看到海面飄浮的魚屍，數目在三、四百左右，約略形成圓形，半徑不小於四、五十公尺。

正駕駛回報衡山指揮所，確認是一枚帶有炸藥的戰雷頭。

D減五十七日

大直，海軍司令部

看完今年度「海軍敦睦遠航實施計畫」，司令把簽呈合起來，長長嘆了一口氣，起身在辦公室踱起方步，從左走到右，從右走到左……，不知來回走了幾遍，最終推門而出。

門外是隨員室。主任、侍從官、駕駛兵、勤務兵，刷地站起身來。

司令無精打采地說：「我去參謀長那。」

參謀長是司令擔任康定艦艦長時的作戰艦，兩人交情持續到今天，看來還會維持到天堂。

來到參謀長侍從室，裡面刷刷刷地站起幾個人，整齊問候：「司令好！」

素來客氣的司令心事重重，好像沒看到任何人似地直接走進參謀長室。

瞧見司令，參謀長起身迎了過去。

司令右手握拳，伸出中指和食指。

參謀長取了辦公桌上的香菸和打火機，連同水晶菸灰缸，一起放到茶几。

隔著茶几，司令與參謀長各點一支菸。

參謀長是老菸槍，司令為了健康戒了幾年。雖說戒菸，每當煩惱的時候，司令就找參謀長抽幾根。

司令狠狠吸了一口，吐出長長的煙霧：「敦支計畫恰當嗎？」

簡短一個問題，參謀長明白了，分析道：「國安團隊的決定，哪有說不的權力？」

司令臉色鐵青，狠狠又吸一口。

「要不要……」參謀長右手食指和拇指作舉杯狀。

司令斷聲道：「拿出來。」

參謀長起身打開矮櫃，拿了瓶紅酒。

「你他媽和女人喝酒？」

參謀長反過身子，換了金門陳高。

據後來駕駛兵回憶，兩個長官取消當日所有行程，六個多小時的飲酒過程中，駕駛兵開車去大直買了四次下酒菜，最終兩個長官喝得酩酊大醉，半夜都抱著馬桶嘔吐不已。

二十多年以後，司令和參謀長談到這件往事，兩人仍會流下老淚，後悔當年沒有堅持。

D減三十五日

臺北，國防部

每個禮拜例行召開的記者會，十次有八次都是默默的來，默默的去。今天的記者會也是默默的來，然而卻掀起驚滔駭浪。

為什麼說驚滔駭浪，而不是青天霹靂，或大地一聲雷？

因為事件主角是海軍。

國防部軍事發言人好像在參加演講比賽，字正腔圓地說：「海軍敦睦支隊今年出訪的地點只有一個——夏威夷。」

次日某報頭版，斗大的標題寫著：

沒有外交關係哪來的軍事關係？

D減三十四日

上海，和平飯店

和平飯店的名字很有寓意，這裡也是一九九八年兩岸「汪辜會談」地點。中共中央選在這裡舉行國際記者會，寓意很深。至於主持人，竟然是中國共產黨總書記，這簡直是絕無僅有！

絕無僅有就是從來不曾發生，有史以來第一次。

由於是總書記主持，現場擠滿了全球各大媒體記者。

總書記講話不多，也不接受記者提問，只是單向宣達黨中央政策，重點有三個：

（一）堅決反對臺灣方面派遣敦睦艦隊訪問美國，請懸崖勒馬，否則後果自負。

（二）美國和臺灣方面的關係不可以違反「中美三個聯合公報」，否則中國會採取嚴正的制裁行動。

（三）中國有句古諺：言必信，行必果；這是北京處理兩岸關係的基本原則。

臺北，總統府

中國共產黨總書記主持的記者會，是總統府召開緊急國安會議的原因。

依據國安局、情報局，以及國防部情報次長室研判，總書記不尋常的談話，是解放軍發起制裁行動的警告。

解放軍的制裁行動就是戰爭。

三個單位口徑一致，強烈建議取消敦睦支隊訪問夏威夷的計畫。

國內情報單位各擁山頭，為爭權奪利而勾心鬥角、你算我計，能夠口徑一致取得共識，總統記憶中不曾發生幾次。自然而然，總統感到十分為難，他把目光轉向國安會祕書長：「有什麼看法？」

祕書長接過總統目光，再轉給三個副祕書長：「你們說說看。」

最靠前的副祕書長說：「假如中共領導人講幾句恐嚇話，我們就取消那麼多年來國安會辛苦努力的外交成果，我建議總統，不如我們現在就接受一國兩制。」

居中的副祕書長接口：「為什麼情報單位硬要把中共的制裁行動解釋成『戰爭』？不可能是經濟制裁嗎？而且，美國邀請我們敦睦支隊訪問，錯在我們或美國？主人請吃飯，客人赴宴，誰主動？誰被動？如果要我研判，我覺得中共要制裁的對象是美國，好比說召回駐美大使，或驅除美國駐北京外交官。」

最靠後的副祕書長先嘆息一聲，再說：「為山九仞，功虧一簣，這是我聽完情報單位建議以後唯一的感想。獨立建國是臺灣兩千三百萬人民長久以來奮鬥的目標，那麼長的時間，那麼多人的努力，曾經有什麼突破？現階段國安會取得的突破，前所未有。美國敢邀請我們軍艦訪問，多麼重大的突破啊！接下來是什麼？不就是我們邀請美國艦隊回訪，雙方都掛著國旗，穿著軍服舉行國際記者會，這是什麼樣的成就？再突破一步……，或是說臺美關係再前進一步，不就是美國承認臺灣是一個國家，跟我們正式建立外交關係？如果能夠達成這個目標，即使是戰爭，臺灣人也要勇往直前。」

率先發言的副祕書長暗暗吃醋，因為兩個同仁講得滔滔不絕，他卻只說了幾句不痛不癢的話，這不是明顯被比下去了嗎？想到這，他微微提高音量道：「有事補充報告。國安會駐美代表今早打電話給我，說他已經安排美國總統親自打電話給您，要談的話題就是艦隊互訪。除了夏威夷，可能再加一個關島，如果美國總統提出邀請，我建議總統表示感謝，欣然接受，再順道邀請美國艦隊回訪。」

總統用力點頭，非常同意。

祕書長先微笑嘉勉三個副祕書長，再代表國安會做了總結：「中共武統是臺灣遲早要面對的問題，今日拉著美國一起面對，天時、地利、人和。美國的邀請如果我們拒絕，除了讓國際看笑話，可能再等五十年也不會有第二個機會。」

總統心裡有底了，裁示道：「敦睦支隊計畫不變，但是國防部、國安局、情報局加緊情報搜集與研判，妥善擬定應變計畫。如果遇到什麼事情有什麼疑惑，你們向國安會請教。」

總統的裁示，特別是最後那兩個字，明確分配了國安團隊的權力結構。

國安會重要幹部全是民運出身，堅定的臺獨分子。

國防部長、國安局局長、情報局局長，全是職業軍人。

這兩類人馬在政府權力結構中，「誰主誰從」還有討論的空間嗎？

臺北，國防部

國防部情報次長室向總統簡報的內容，此時又講了一遍。部長接著轉達總統指裁示，會議室隨即發出窸窸窣窣的聲音。

不單當事者海軍，陸空軍也起了騷動。

海軍司令壓下發言鍵，麥克風紅燈亮了，正準備出聲，坐在左側的參謀長壓住司令大腿，低聲提醒：「先聽陸空軍怎麼說？」

陸軍司令壓下發言鍵，部長卻揮手制止：「今天討論海軍敦睦支隊，陸軍和空軍先別講話，聽完海軍的想法，你們有意見再講。」

陸軍將領、空軍將領，再加上國防部將領，二十多個將領四十多隻眼睛，一齊集中在海軍司令。

海軍參謀長動作快，搶先壓下發話鍵：「海軍一定遵照總統命令……。」

講到這，參謀長沒再講下去。

大家暗暗奇怪，參謀長聰明機靈、能言善辯，難道今天太緊張，忘了接下去要說什麼？

其實是司令在桌底下狠狠踢了他一腳。

所幸參謀長的確聰明機靈，一閃神便說：「但是有個問題想請教部長。」

部長點頭。

「如果敦睦支隊遭到攻擊，支隊長的權限是什麼？」

「支隊必須接受衡山指揮所指揮，哪有什麼權限？」

「夏威夷距離臺灣四千四百海浬，單一趟航程十二天，這中間百分之九十五以上的海域都脫離衡山指揮所的指管範圍。如果衡山指揮所無法指管，支隊只能單獨作戰，哪種狀況可以攻擊，哪種狀況不可以攻擊，請國防部事先將權責下授給支隊。」

「不可以使用衛星通訊？」

「衛星通訊傳輸速度慢，只能語音對語音，或有限數位檔，沒有辦法提供衡山指揮所即時戰況。」

陸空軍將領同時露出恍然大悟的表情。

現代作戰的指管必須透過資料鏈，衡山指揮所才能夠清楚地掌控戰區內每一架在空機、每一艘在航艦，以及陸軍部隊的移動。然而一旦出了衡山指揮所的指管範圍，衡山指揮所看不到支隊，支隊也不了解衡山指揮所意圖，「戰」與「不戰」的權責又不下授，這要支隊如何處理緊急事故？

可是部長堅持道：「第一擊必須得到國防部同意，不管使用衛星通訊或其他什麼方法。如果遭受到攻擊，支隊才可以還擊。」

外人聽起來似乎很不講道理，然而敦睦支隊的支隊長只是年輕的少將，他哪來的權力決定戰與不戰？

別說少將，即使上將，甚至包含部長自己，都沒有決定戰與不戰的權力。

戰與不戰的決定權在國安會。

至於國安會，今天上午不是已經做了決定？

臺北，總統府

為了回應中共總書記三個重點談話，總統發表「迴廊談話」，重點也是三個，個個針鋒相對：

（一）臺灣是主權獨立國家，海軍艦隊有權前往任何地區、任何國家，只要他們邀請我們。請中國自重，臺灣無意挑起地區衝突，民主自由是普世價值，也是臺灣人民共同追求的目標。

（二）美中三個聯合公報已經簽署四、五十年，無法滿足世局變化。誠懇呼籲中國共產黨與時俱進，依據新的國際關係簽訂新的美中公報。

（三）我也想對中共總書記說一句古諺：德不孤，必有鄰；這是臺灣處理國際關係的基本原則。

D減三十日

左營，艦隊指揮部

司令親自南下主持「敦睦任務籌備會」，召集全軍戰術、戰略專家，大家腦力激盪、集思廣益，共同為敦睦支隊的安全貢獻心力。

司令部作戰署、情報署、計畫署，各依職責做了詳細簡報，接著是討論時間。率先發言的是司令：「今天知無不言，言無不盡，大家不要有顧慮，放開了膽子講話。不管是誰，今天說了什麼奇怪的幻想，後來真的發生在敦睦支隊，司令部會重重獎勵，行政記功或獎金就不必講了，甚至破格晉升都有可能。總之，司令部一定會依據你的貢獻程度做出對等獎勵。」

講到這，司令發現同仁們個個精神抖擻，明白鼓勵起了作用，接著說：「為了避免討論失焦，我請參謀長擬定了十五個問題。等下先依據這十五個問題討論，結束以後，誰想到其他問題再提出來，我們接續討論。現在請參謀長引導大家進行討論。」

參謀長走到發言臺，調整麥克風，背景適時出現簡報投影。

每一個問題參謀長都會清楚說明時空背景、可能變化、安全考量因素……，接著才問眾人有什麼意見和想法？

上午九點開始的會議，一直進行到當天晚上十一點二十七分。除了上廁所，沒人離席，沒人表現出疲態，個個聚精會神，不管是上尉作戰官或上將司令。

為了防範可能來臨的戰爭，海軍上上下下都盡了全力。

中國最高權力中心是中央政治局「常務委員會」，常委們憤憤不平地看完臺灣領導人的迴廊談話，有位常委當場激動地站了起來。他是復旦大學國際學博士，文化水平一等一，擁有「黨的筆桿子」稱譽。

筆桿子重拍胸脯：「我寫三點回應迴廊談話。」

眾常委都覺得這個建議很好，也對筆桿子有信心。可是再看總書記——面色平和、神態從容，不免暗暗奇怪：總書記對迴廊談話不感覺憤怒嗎？

總書記示意筆桿子坐下，然後說：「兩岸在作文比賽嗎？」

筆桿子頓覺臉頰發燒，顯見他不是一個複雜的政客。

總書記嘆了口氣：「有句話最適合形容我現在的心情：哀莫大於心死。對臺灣和平統一，我現在就是哀莫大於心死。同志們，誰認為和平統一還有希望？」

六個常委動作一致地搖頭。

「如果不可能和平統一，臺灣問題該怎麼解決？」

經過短暫討論，常委會做了「不惜開戰」的決定。

北京，中央軍委會

總書記兼中央軍委主席、國家主席、軍委聯指總指揮，權傾天下，即使他一人就能拍版，卻也通知兩位副主席、八位委員，還有他最信任的總參謀長，共同參與這個重大時刻。

總參謀長個性堅毅、有勇有謀，更有決斷，是武統領導的不二人選。

會議開始，主席先下達中央政治局常務委員會所做的「不惜開戰」決定，接著徵求大家意見，給武統取個吉祥、有寓意的名字。

委員們請主席決定。

主席客氣推辭，卻從身上取出一張紙條，說已經敦請著名史學家推薦了四個名字，然後逐個宣讀，並解釋其意。

經過表決，「康實」獲得九票，委員們熱烈鼓掌通過。

「康實」取自「康施」的諧音，因為清朝康熙皇帝任命施琅收復臺灣。

接著再度透過表決，軍委會一致支持，康實行動交給總參謀長擘劃、督導、執行。

總參謀長深深凜這是青史留名的機會，由於極度關鍵，因而必須在委員會當眾問個清楚：「請示主席同志，康實行動的限制是什麼？」

限制就是「不能幹的活」。

主席略一思忖，指示道：「一，不能使用核武；二，不能攻擊非軍事目標；三，不要與國際勢力衝突。」

「必須完成的任務是什麼？」

「逼迫臺灣坐上談判桌。」

「終戰條件？」

「臺灣接受一國兩制。」

「是否還有其他指示？」

主席指尖點著總參謀長：「戰必勝，絕不能敗。與其敗，讓國際笑話，不如隱忍，接受現狀。」

總參謀長站立起來，一個標準的舉手禮：「解放軍絕不讓黨失望，堅定貫徹主席交付的任務！」

……D減二十九日……

左營，艦隊指揮部

副艦隊長推開會議室的大門，發現裡面只坐著四位上校軍官，再一看，都是昨天發言的佼佼者，心裡便有了底：想必有其他問題要討論，由於昨天人多口雜，浪費時間，所以今天只找來他們五個人。

就座之前，副艦隊長拍了拍右側「官校總隊長」的肩頭。兩人是官校學長學弟，同為辯論社大將，結婚對象又是政戰學校的學姊學妹，也是辯論社大將。由於這些巧合，兩家關係始終密切。

會議室大門再度被推開，快步而入的是司令，身後跟著艦指部指揮官、司令部參謀長，三位海軍重要的大人物齊聚一堂。

司令不僅和眾人親切打招呼，還熱情握手，並連聲說「謝謝」。

長官熱情到這個地步，副艦隊長直覺的反應是：擔心！

果不其然，等眾人就座，司令微笑道：「昨天晚上我們三個人討論了很久，決定敦睦支隊『作戰組』名單。副艦隊長，你除了擔任敦支支隊長，還兼任作戰組組長，組員就是他們四個，有沒有問題？」

五個人彷彿泥塑木雕，全呆住了！

「有問題」三個字幾乎脫口而出，因為副艦隊長愛妻上個禮拜乳癌確診，醫院安排下週二開刀。遭逢巨變，愛妻心情起伏劇烈，昨天開會回家晚了，到今早她還在嘮叨。可是，繼而一想，此時海軍身處重大危機，如果拒絕眼前這三位長官，除了顯示自己貪生怕死、無情無義，從此海軍生涯也結束了。

副艦隊長沒敢講話，但是右側官校總隊長出聲了：「報告司令……。」

眼見司令凍僵的笑容，副艦隊長急忙搶言：「報告司令，我們都沒問題。總隊長是作戰組組員，不管什麼問題都交給我這個組長，我負責處理。」

司令解開嘴角僵硬的笑容：「司令部今天就會下令，明天開始你們納編敦支，先集中到艦指部前置作業，所有行政與後勤，艦指部都會全力配合。好好研究如何執行敦睦計畫，不要限於以往的規定，這次全軍全力支援，要人給人、要錢給錢、要裝備給裝備、要直升機給直升機、要船給船……，你要什麼我都給。反過來，我對你的要求只有一點：帶出去幾艘船、幾個人，就把他們安安全全帶回來，明白嗎？」

「明白。」

司令起身，再一次和眾人握手，這次沒有笑容，然而眼神堅定，手勁格外有力。

三個長官才離開，副艦隊長一拳擊向總隊長臂膀：「怎麼回事？」

總隊長回擊一拳：「大嫂生病，我要幫你講話。拒絕長官的話，你自己能講嗎？」

幾句話彷彿一股暖流，衝進了副艦隊長自愛妻得病以來冰冷的心扉。

北京，軍委聯指中心大樓

解放軍有五大戰區，各有各的作戰指揮中心。為了統合五大戰區的戰力，北京設立「軍委聯合作戰指揮中心」，座落在「軍委聯指中心大樓」，功能等同臺灣衡山指揮所，只是規模更大，防衛更嚴。

總參謀長果然有勇有謀、有決斷，四天不到便在軍委聯指中心成立「康實演習指揮部」，納編一百六十位專業軍官，幾乎不眠不休地將所有設施與裝備整建完成。

掛牌正式運作的第一天，中央軍委會主席親臨視導，隨同而來的是兩位副主席。

指揮中心設有總指揮席，前方高度降一米的巨型空間放了八十部操控台，每部操控台都有三台紅色話機：

（一）淺紅色用於指揮作戰部隊，好比某一架飛機、某一艘軍艦、某一位旅長。

（二）紅色用於指揮各省作戰指揮中心。

（三）暗紅色用於指揮五大戰區指揮中心。

總指揮席是一張旋轉椅，想要觀看戰場狀況，總指揮向後一轉，前方是三個巨型螢幕，中央顯示全戰域，左、右是全戰域中的某一區。

視導結束，主席十分滿意，臨去前佇立在總指揮席，手指從左掃到右，宏聲問：「敢打必勝，有沒信心？」

「有！」山呼一聲，比臺灣選舉造勢的場面還要熱絡。

D減二十八日

中共國防部宣布將舉辦「康實一號演習」

（一）操演日期：四月二十五日至五月十五日。

（二）操演海域：南起香港，北至溫州，西為大陸海岸線，東沿著海岸線外推五百公里。

（三）參演兵力：火箭軍、戰略支援部隊、艦艇一百二十四艘、飛機九百五十五架、陸軍七萬七千人。

（四）若逢實彈射擊，空域管制範圍另行公布。

臺北，總統府

又是緊急國安會議，本月份的第七次。

國安局繪製的康實演習海域圖，別說臺灣，連日本石垣、宮古島都在裡面。看到演習海域圖，某些人緊張，好比說國防部長、國安局局長。某些人安心，好比說國安會祕書長與三位副祕書長。

三位副祕書長輪番批評起來。

「康實演習就是中共總書記說的『嚴正制裁』？又一次狼來了。」

「我建議大家不妨換個心情看武嚇——戰機飛來飛去，只要不飛進我們領空，不就是浪費油料？戰艦南來北往，只要不穿進我們領海，不等同臺灣的警衛？至於導彈試射，稍微調整心情，就當成在看煙火。」

「什麼是武嚇？如果怕，就是嚇；如果不怕，就像道歉，管他說幾遍，道歉內容是什麼，有少吃一塊肉，少拿一毛錢嗎？」

講的非常功利，卻很實在。

總書記的三點聲明，的確讓人提心吊膽，然而當答案公布出來──康實演習，正如同過去十幾二十年的老套，總統看破了對岸手腳。

聽完三位副祕書長的批評，國安局局長憂心問：「你們不擔心對岸假戲真做？」

假戲真做就是在臺海動員龐大的兵力，看似演習，猛地卻轉向攻擊臺灣。

國安會祕書長不以為然：「就算假戲真做，美國必定站在我們這一邊。講句實在話，我反而有點期待北京假戲真做，因為這麼一來，會逼得美國人一起上臺唱這齣戲，這不就是臺灣幾十年來追求的目標？最近我說了好幾次，臺美關係史無前例緊密，今天不做，以後五十年都不會有更好的機會。」

國安局局長用眼角餘光瞥了眼國防部長，發現部長低著頭在看桌上資料。

「歷史不會等人，機會稍縱即逝。」總統裁示道：「對岸要唱戲，我們陪著一起唱，看看誰唱得真、唱得好、唱得嚇人。」

D減二十六日

大直，國防部

國防部召開的三軍協調會，坐在主位的是部長，右手側依序是國安會副祕書長、國防部副部長，左手側則是參謀總長、參謀總長執行官。

至於三軍司令與各司令部參謀長、作戰署長……，全坐在下面。

由於對岸準備舉辦康實演習，臺灣總該弄個什麼演習，互別一下瞄頭，輸人不輸陣。

部長委婉地說出會議目的，接著是國防部作戰次長提報演習構想，再來由三軍司令部依序建議參演兵力。

是的，只是「建議」。

沒有一個例外，各司令部作戰署長提報完兵力建議，國安會副祕書長就搖頭：「不夠，再增加。」

會議中陸軍被迫修正三次，空軍六次，海軍四次。

D減二十四日

臺北，國防部

國防部例行記者會，軍事發言人宣布將舉辦「臺光一號演習」：

（一）操演日期：四月十五日至五月六日。

（二）操演海域：南起綠島，北至龜山島，西為臺灣海岸線，東至東徑一百二十二度六十分。

（三）操演空域：海平面至二十公里。

（四）參演兵力：岸置攻船飛彈基地、岸置防空飛彈基地、各式艦艇六十八艘、各式飛機兩百四十五架、陸軍一萬兩千七百人。

（五）臺光演習將取代以往漢光演習「火力展示」科目，換言之就是漢光演習的火力展示，只是從原來的漢光演習獨立出來。所以臺光演習也是年度例行演訓，希望國人與媒體勿多作揣測。

北京，軍委聯指中心大樓

中央軍委主席坐在總指揮席，旋轉椅向後，看了眼臺光演習操演海域，然後旋轉椅轉正，面對前方的五位上將。

主席站起身來，繞過桌子。

五位上將以主席為中心，形成小半圓形。

左營，艦隊指揮部

敦睦支隊四天前已經編組完成，除了往年不存在的作戰組，今年增編或擴編行政組、後勤組、通訊組、裝備組、損管組、醫護組。而往年只有三艘艦，今年增加到五艘，分別是基隆級、成功級、康定級戰艦各一艘，再配上一艘快速戰鬥支援艦，一艘人員運輸艦。

支隊部主要幹部每天早上七點上班，因為要參加晨會。晨會多半在一個小時之內結束，接著各艦艦長與組長，分別返回各自單位督導下屬進行敦支準備工作。由於可能要面對戰爭，所有被納編的幹部都如臨深淵、如履薄冰，準備工作千頭萬緒，個中甘苦只有參與敦支的人才能體會。

今天晨會進行得不太順利，先是快速戰鬥支援艦艦長抱怨後勤支援不足，接著其他四位艦長跟著發難，還沒聽完艦長們的抱怨，司令部參謀長在艦指部副指揮官的陪同下推門而入。

參謀長意外闖入，大家頗為意外。

參謀長也露出意外的神色：「你們繼續開會，會議結束以後，麻煩支隊長到副指揮官室找我。」

講完，參謀長翻身就走。

別開玩笑，再重要的事情也重不過長官。支隊長請「支隊參謀長」主持晨會，起身小跑步追上司令部參謀長。

三個人來到副指揮室，參謀長脫口便問：「知道臺光演習吧？」

「知道。」

「臺光演習操演支隊長是他。」參謀長瞥了眼副指揮官，再說：「你是副支隊長，敦支五艘船也要參加。」

「敦支那時候在環島啊？」

敦睦支隊行程分為兩段，先是環島——訪問國內各主要港口，接著才出國敦睦。

參謀長說明：「司令已經決定，取消環島，只執行出國敦睦。」

「可是那段時間……」只講到這，因為支隊長發現參謀長的臉色微變。

參謀長有點失去耐性地提高音量：「臺光演習納編那麼多兵力，沒有敦支這五艘，單是湊足數目就有困難。另外，六十多艘船參加演習，一個指揮官根本忙不過來，所以司令決定派你，以及你負責的作戰組共同協助。」

D減三日……………

臺東，知本海灘火力展示參觀臺

什麼是火力展示？

海軍官校總隊長也不曾見識，他十分好奇地坐在參觀臺，於私能開開眼界，於公是他的任務——從「大閱官」的角度，遙看遠方海面艦隊的操演成效。

今天是火力展示第四次實兵預演，也是最後一次預演，大閱官是國防部長，三天以後才是總統主持的正式校閱。

四次預校與正式校閱，每一次都會邀請兩千位來賓，分別是不同層級的民意代表、縣市政府首長與官員、五院委員與官員。讓他們在接下來的九十分鐘，欣賞三軍各式火砲、火箭、戰車、軍艦、戰機、直升機的表演，再配合綿密、天搖地動、震耳欲聾的實彈射擊，見證中華民國國防武力之強大，每年如天文數字般的國防預算沒有白花，以及希望大家日後能繼續支持國防。

「立正——」嘹亮的口令聲後，原本人聲嘈雜的參觀臺安靜下來。

部長在三軍司令，各軍團級指揮官的簇擁下走上參觀臺。典禮指揮官熟練地轉動手中的指揮刀，國軍示範樂隊適時奏起悠揚的從戎樂。

部長右手掌平貼左胸答禮。典禮指揮官宏聲道：「國軍臺光一號演習，演習典禮指揮官報告：演習實到受校官士兵合計一萬八千七百零七人，各型飛機兩百四十五架、艦艇六十八艘、戰車一百二十輛、火砲三百二十門、火箭三十六組、飛彈八十六枚。報告完畢，恭請校閱。」

國軍有史以來動員兵力最龐大的實彈演習，在典禮指揮官的報告詞後展開。

率先入場的是空軍經國號、F十六、幻象，以及勇鷹教練機各十五架，各別編隊飛越參觀臺前方，機尾噴出綠、藍、白、紅煙霧，畫面壯觀雄偉，音爆聲劃破長空。

緊接著陸軍三十六架直升機高速、低空通過觀眾眼前，由於距離很近，來賓除了感受到旋翼發出的強大風力，地板也震得欶欶抖動。

大家還來不及鼓掌，猛然間又飛來十二架眼鏡蛇戰鬥直升機，整齊劃一地急停在參觀臺的正前方，向左旋轉三百六十度，向右旋轉三百六十度，機身再忽地傾斜向左拉高，驟然落下，順勢又向右拉高，再落下……，猶似鐘擺般地連續左右擺動三趟，彷彿十二位舞者，展現令人訝異的動感與美感。

來賓報以如雷的掌聲。

掌聲之中，海面是海軍艦隊組成的龐大艦隊，包括四艘基隆級飛彈驅逐艦、六艘成功級飛彈巡防艦、三艘康定級飛彈巡防艦、兩艘濟陽級飛彈巡防艦、六艘獵雷艦、六艘快速布雷艦、四艘掃雷艦、兩艘快速戰鬥支援艦、四艘登陸艦、一艘海洋測量艦、八艘中型飛彈快艇、六艘大型飛彈快艇，以及四艘突然從水下破浪而出的潛艦。

當艦隊排列整齊向前航進的同時，十二艘微型飛彈突襲艇、十二架旋翼反潛直升機高速由後向前追越，在通過參觀臺的正前方時，三種兵力重疊，配合說明官「海軍官兵向總統以及各位貴賓致敬」的宏聲，所有軍艦汽笛齊鳴，飛彈快艇發出警報聲，直升機從機肚下方落下一面旗幟，旗面迎風招展，金底紅字依序寫著：恭．祝．總．統．政．躬．康．泰．國．運．昌．隆。

來賓回以熱烈的掌聲。

接著是實彈射擊。

戰鬥機飛彈、機砲，精確地命中空中誘標與水面浮靶。

海軍飛彈驅逐艦與飛彈巡防艦火力全開，接連發射攻船飛彈、防空飛彈、反潛火箭、主砲、快砲、方陣砲、干擾彈。

然後是軍容壯盛的陸軍。

參觀臺與海岸線呈四十度夾角。陸軍所擁有的各式火砲、戰車、火箭、肩射飛彈、反戰車飛彈、防空飛彈，整齊地排列在參觀臺斜角前方的海灘，距離五十到兩百公尺。

在旗兵統一指揮下，各式火砲密集地輪番射擊。

對來賓而言，不要說是火砲聲，指揮旗兵的口令聲都清晰可聞。

如此近的距離，陸軍火砲與飛彈的射擊聲如石破天驚，所有來賓在震懾於陸軍強大火力的同時，不自禁用手指堵住耳朵。

火砲聲之後，十二架陸軍眼鏡蛇直升機再度出現，以齊火方式朝海面靶標發射地獄火飛彈、小牛飛彈、響尾蛇飛彈、十九聯裝火箭，以及射速每分鐘一千兩百發的二十厘米機砲。

每到精采處，來賓無不面露驚色，也不自覺地鼓掌大聲叫好。

唯一例外的是總隊長。他從開始的驚訝，慢慢變成疑惑，最終是如坐針氈的憂心忡忡。

臺北，衡山指揮所

參謀總長看著巨型螢幕，康實演習加上臺光演習，臺海出現的戰機、戰艦，密得讓人心裡發毛。如果雙方某操演部隊，不管是預謀或意外，因擦槍走火產生衝突，接下來會發生什麼事呢？

生平修養以「不動性」三字為歸趨的參謀總長，這時也不得不色變！

所幸三軍演習部隊有各自的指揮官，操演經過七次兵推，四次實兵預演，如果部隊都能照計畫執行，其實他是杞人憂天。

D減二日

大直，海軍司令部

侍從官敲敲門，再探頭輕聲說：「參謀長帶了敦支支隊長，說有急事向您報告。」

聽到「急事」，司令彈簧似地站起身來。

參謀長身後跟著支隊長，兩人都緊鎖眉頭。

司令跟著眉頭一皺：「什麼事？」

參謀長示意支隊長，支隊長這才開口：「臺光演習兵力那麼大，那麼多高級長官，如果中共發動攻擊呢？」

「攻擊什麼？」

「參觀臺和演習部隊。」

假如這想法出自某年輕軍官之口，司令必然喝斥：「胡說八道！」不過，支隊長是海軍聲名在外的戰術戰略專家，然而即使聲名在外，要司令接受這種奇想也有一定難度。司令把目光轉向參謀長：「你認為呢？」

「機率很低，但以現在兩岸形勢，不是不可能。」

「有什麼建議？」

「跟部長報告？」

「跟部長報告有什麼用？上次協調會你看到的，誰在主導？誰一直說『不夠，再增加』？」

聽兩位長官討論到這，支隊長不服氣地反駁：「假如對岸想攻擊我們，又不想誤傷百姓，這次演習是最好的機會，因為大批參演部隊全擠在狹小的操演區。」

司令輕拍支隊長臂膀：「謝謝你專程來臺北。這樣好了，回去集合作戰組研究，如果演習期間對岸發動突襲，海軍參演部隊要如何自保？」

參謀長與支隊長離開以後，司令在辦公室踱起方步，左想右想……，越想越不對，於是請侍從官協調，盡快安排晉見國防部長。

大概部長很忙，沒空，直接打電話問司令有什麼事？

司令說出心裡的憂慮，部長直覺說不可能，但是司令把先前支隊長的理由重複一遍，部長居然改變主意，請司令立刻前往部長辦公室。

兩人的辦公室都在大直，車程幾分鐘。

司令到的時候十分意外，因為國安會副祕書長也在。

同樣的理由司令再說一遍。

副祕書長一秒都沒考慮，語氣不佳地質問：「後天就是總統正式校閱，這時間點可能喊停嗎？如果喊停，是不是以後國軍所有類似演訓都不要做了？」

司令臉色鐵青。

部長見狀打圓場：「演習自然要繼續，司令的憂慮也不能說不對，當然，機率很低很低，但是……，萬一發生了？」

副祕書長啞口無言。

「如果發生意外，我陪總統在臺東，衡山指揮所只有參謀總長。那麼多兵力他一個人指揮有問題，我想三軍司令明天留在各軍作戰中心，協助參謀總長指揮調動部隊，這樣應該比較好吧？」

「三軍司令不去，誰陪總統校閱？」

部長明白，副祕書長要壯觀的場面：「請副司令和軍團級指揮官陪同一起校閱？」

「只好這樣了。」副祕書長再次強調：「演習一定要照計畫進行，不能更改，這是最基本原則。」

北京，軍委聯指中心大樓

孫子兵法有所謂：知彼知己，百戰不殆。

過去七天，臺光演習實施四次實兵預演，解放軍動用所有資源，想盡一切方法，將演習區域、流程、兵力數量、部隊運動……，摸得一清二楚。

孫子要求的「知彼」，縱然說不上百分之百，起碼也十拿九穩。

至於知己，這是總參謀長的長項。

他自十六歲投身解放軍，四十六年來始終勤奮工作、努力研究、積極吸收新知，如何統合全國資源，有效發揮解放軍整體戰力，如果說總參謀長排名全國第二，沒人敢講自己第一。

D日……

▼上午七點

北京，軍委聯指中心大樓

康實行動不僅是總參謀長青史留名的機會，更是中國共產黨總書記千古不朽的功勳。成與敗，英雄或狗熊，且看今朝！

總書記率領六位中央政治局常務委員來到指揮中心，總參謀長詳細報告作戰計畫，總書記與常委們殷殷垂詢，確認沒有違背「三個限制」，總書記轉身看著眾常委提醒：「兵凶戰危，跨出第一步就沒有回頭路。同志們再慎重考慮一次，現在還可以喊停。」

沒再說下去，總書記等了等，讓常委們內心思考片刻，然後神色一斂，眼神甚至帶了點殺氣，壓低了聲音問：「要不要停止康實行動？」

眾常委搖頭。

總書記微微提高音量：「明確說出來。」

從左到右，接續六聲堅定的「不要」。

「有需要修改的細節？」

再一次，接續六聲「沒有」。

總書記放慢講話速度，幾乎是一字一頓：「同意執行康實作戰計畫？」

「同意、同意……」，接續六聲，有的微微顫抖。

總書記對祕書招手，祕書小跑步而來，將一份紅色公文封交給總書記。

卻見公文封正面，銀勾鐵劃般的毛筆黑字寫著：康實作戰計畫。

總書記瞥了眼公文，確認無誤，這才轉身面向總參謀長。

總參謀長登時立正，十指緊貼兩腿側。

總書記斷喝一聲：「命令！」

總參謀長緊咬牙關、挺直胸膛。

「中國共產黨中央政治局常委會，全票通過，人民解放軍總參謀長即刻執行康實作戰，全力貫徹黨的意志，敢打求勝，堅決維護國家主權統一！」

總書記舉起公文交給總參謀長，眾常委這才發現，總書記的手指微微顫抖。

▼上午九點

臺東，知本海灘火力展示參觀臺

號兵吹奏響亮的「立正號」，喇叭傳來司儀的「來賓請起立」，緊接著是典禮指揮官嘹亮的口令：「立正——」

總統在五院院長、國安會祕書長、國防部長，以及三軍副司令、軍團級指揮官簇擁下含笑而來。

頓時之間參觀臺寂靜無聲，所有人的目光都集中在總統。

總統到達受禮臺，典禮指揮官熟練地揮動軍刀，一百二十人組成的軍樂隊適時奏起「從戎樂」。

部長看了眼為國安會保留的貴賓區，沒看到堅持執行演習的副祕書長，不免好奇：他是臨時有事，或擔心中共偷襲？

北京，軍委聯指中心大樓

燈光轉變成紅色，表示指揮部進入戰鬥狀態。

總參謀長專注地看著三個巨型螢幕，中央是臺灣全圖，如蝗蟲般的「目標符號」四處遊移，紅色代表解放軍，藍色代表臺軍，白色代表「不明」或「民間」。臺灣海域才多大？單單是民航機、商船就讓人眼花撩亂，再加上康實與臺光演習的兵力，真可用「星羅棋布」來形容。

正因為太多、太亂，所以左右各有一台巨型螢幕。

左邊是臺灣臺東海域，大部分顯示的是臺光演習兵力。右邊是日本石垣島西南海域，大部分顯示的是康實演習兵力。透過這兩台放大的電子地圖，演習兵力清楚多了，也讓總指揮能夠清楚地掌握戰場狀況。

除了戰場狀況，總指揮最關心的是「H零時」——戰爭發起的時間。

這就是中央巨型螢幕正上方，那台數位馬表的功能。

馬表跳動的數字在遞減，等到歸零，就是H零時。另外有兩個軍官分站巨型螢幕左右，他們面對總指揮，手中各拿一支馬表，分別擔任「項次管制官」與「行動管制官」。越是接近H零時，現場氣氛越是凝重。

八十部操控台的八十位操控員，手中都握著話筒，一端壓住耳朵，一端緊貼嘴角，個個大張雙眼，一眨不眨地盯著總指揮席——紅色燈光映照下，這畫面彷彿陰曹地府。

總參謀長緩緩舉起右手。

眾人頓時寒毛直豎，整個身子感覺就只剩下蹦蹦亂跳的大心臟。

總參謀長右手猛地向下一壓。

項次管制官宏聲急喊：「項次凍么！」

行動管制官隨即接口讀秒，聲音清脆響亮：「么、兩、三、四、五、六、七……。」

隨著行動管制官讀秒，八十位操控員豎直了耳朵，等聽到自己的秒數，猛一吸氣下令：「行動！」

同樣是一聲「行動」，有的微微顫抖，有的略顯激動，有的硬如冰石……，能夠保持輕鬆自若的，沒有。

一旦收到「行動」，話筒另一端的作戰部隊或作戰中心，便會依計畫執行作戰命令。好比說發射一至數枚攻船飛彈、攻陸巡弋飛彈、防空飛彈、反輻射飛彈、東風導彈、遠程火箭……。

無論是項次管制或行動管制，都經過精確計算，反覆兵棋推演，再透過超級電腦驗證，如此才能統合全國作戰部隊進行「分進合擊」。

康實作戰總共規劃了十七個項次，每項次六十秒。換言之，從啟動作戰到結束攻擊，總共十七分鐘。

不過，這時戰爭尚未結束，還必須等待武器在空中的飛行時間。有多少武器同時在空中飛行呢？

十七個項次，每項次最多八十個作戰單位，各依計畫攻擊臺灣某一個軍用機場、軍用港口、雷達站、防空飛彈陣地、攻船飛彈陣地、作戰指揮中心、在航艦、在空機……，以及知本海灘火力展示參觀臺。

臺東，知本海灘火力展示參觀臺

空軍副司令正在神遊太虛，猛地被一聲如雷的巨響喚回現實。真是大地震動、山谷鳴響啊！

原來是六十門號稱「酷斯拉」的二百四十公厘榴彈砲齊射，砲聲震得副司令耳朵嗡嗡作響。他張了張口，釋放耳膜壓力，再拿起胸前的望遠鏡，觀看酷斯拉射擊的目標——遠方海面汽球靶。

水平線附近灰色背景把紅色汽球襯托得分外明顯。乍然間，他看到一道白煙……，直直對著他而來！

那是什麼？

飛彈！

演習有這科目嗎？他不熟悉演習科目，然而再是陌生，他也清楚任何演習的任何武器，都不可以朝著參觀臺的方向發射！登時之間他渾身雞皮疙瘩暴起，顫抖著身子跳起來，嘶喊一聲：「老共飛彈打來了！」

幾近瘋狂的舉動有如五雷轟頂，可惜沒幾個人聽得懂他在喊什麼？縱然如此，如此一號大人物做出如此瘋狂舉動，所有人都覺得全身血液倏地衝進腦門，以致太陽穴迸跳起來。

十秒之內，六枚，從三個方向貼海而來的攻陸巡弋飛彈，精準地摧毀了參觀臺。滿座呼風喚雨的大人物，不管是總統、院長、立委、將軍……，那權傾一方的好日子隨著這六聲爆炸而煙消雲散。

彷彿這一切是一場夢。

即使親眼目睹，也沒人能夠相信。

看到這，你還好奇接下來發生什麼事嗎？

連參觀臺的兩千位高官都敢殺，康實作戰還有什麼不敢攻擊的目標？

果真如此，臺灣接下來能怎麼反應？

當然，這是「想定」，而且講句實在話，我認為「烽火連天」的可能性很低。

不過「很低」也是有可能。

兩個理由可能造成兩岸烽火連天：

首先，戰爭是你一言我一語，你一拳我一腳，你一槍我一彈……，從小而大、由弱轉強、從鬆弛到緊繃……，逐步升級而來。開始的時候誰都不願意打得頭破血流，但是一步逼一步、一砲還一槍……，等打到某個程度，超越某種死傷，雙方就會進入不共戴天的境界。

那時不是你死，就是我活，其餘全是廢話。

第二個理由，我常聽到「中國人不打中國人」這句話。

可惜這是一句政治口號。

若熟讀史書，可能會意外發現，中國人不僅打中國人，而且中國人似乎特別喜歡打中國人。

不同意嗎？

希望我也能不同意。因為講這句話時，我感覺一把利刃劃過我的心頭！

第五章……

武統想定二：擒賊擒王

D日H時：九月三日清晨六點

D減六十二日……

內蒙古朱日和基地，擒鷹訓練中心

總參謀長邊走邊點頭，很滿意眼前的成果。無論裝備布置、人員訓練、口音、指管程序……，全都和臺北衡山指揮所如出一轍。

離開擒鷹訓練中心以前，他熱情地與總指揮握手：「幹得好！」

總指揮客氣地說：「多虧副總指揮籌劃。」

總參謀長轉向副總指揮，同樣伸出熱情的手。

副總指揮登時挺胸，鞋跟一靠，發出磕一聲。

前往機場的路途中，總參謀長不禁陷入沉思……，當年清朝收復臺灣，仰賴的是明朝叛將施琅；同樣的，如今統一臺灣，也必須吸收臺軍加盟。

擒鷹小組副總指揮就是退休臺軍，曾經服務於衡山指揮所。

總參謀長不由得感嘆，歷史寫了又寫，反復述說相同的故事！

中國第五戰區宣布將舉辦「復華一號演習」：

（一）操演日期：八月十五日至九月十五日。

（二）操演海域：南起海南島海口市，北至福建省泉州市，西為大陸海岸線，東為東徑一百一十九度。

（三）高度範圍：海平面至五百公里。

（四）參演兵力：火箭軍、戰略支援部隊、艦艇七十二艘、飛機六百三十二架、陸軍三萬四千人。

同一天，北京宣布多項友臺政策，讓利之豐創史上之最。

海協會去函臺北海基會，建議兩岸領導人於新加坡會談，會談先遣小組八月中旬前往臺北協商。

D減五十九日

臺北，總統府

地圖清楚標示了復華演習的操演海域，總統面露疑色：「一方面舉辦大型軍演武嚇，一方面又多方示好，大家有什麼看法？」

由於牽涉軍演，國防部長有責任先表達意見：「操演海域雖然很廣闊，但與臺灣本島有一段距離。除了東沙要提升戰備，其餘部隊保持常態。」

保持常態的意思就是：別緊張。

總統再問：「演習目的是什麼？」

「可能在威嚇最近常在南海出沒的美艦。」

國安局局長補充：「美國電偵機、轟炸機最近也頻頻出現在那個區域。」

總統目光轉向國安會祕書長。

祕書長成竹在胸道：「可以試一試北京安什麼心。他們不是派人要來臺北嗎？同意。總統接見代表團的時候提出一個要求：請北京取消演習，或是提前結束，看他們如何反應。」

副祕書長輕聲建議：「再提一個要求：請北京撤除瞄準臺灣的導彈？」

「何不直接請北京同意我們獨立？」總統冷冷瞥了眼副祕書長：「做事一步一步來，急什麼？」

D減十七日

臺北

「兩岸領導人會談」北京先遣小組抵達臺北，展開接連三天閉門會議。總統當晚宴請先遣小組，並於餐後召開記者會，談話重點有二：

（一）這是兩岸歷史新頁。

（二）感謝北京釋出的善意，復華演習將提前於九月二日結束。

D減二日……

中國

擒鷹小組二百位成員在泉州登上「揚帆」貨輪，當日傍晚啟航出港，駛往目的地——臺北港。

提前結束復華演習的三十六艘海軍艦艇，分成六個支隊，漸次朝北行駛返回原駐地。

演習操演區在中國南海，朝北，劍指臺灣海峽方向。

D日

▼凌晨二點

臺北，臺北港

揚帆輪昨天下午駛入臺北港，辦完通關手續，預計今天早上八點開始卸貨。然而，趁著凌晨防衛最鬆懈的時刻，三十名黑衣黑褲的特戰兵悄悄離開船上。

來到碼頭，眾人趁著夜暗四散而去。

半小時之後，擒鷹小組不僅奪得「門哨」與「信號臺」的控制權，所有關鍵路段與重要出入口，也都是他們布下的崗哨。

臺北，臺北港錨泊區

收到「起床」信文，昨天中午就錨泊在港外的「定海輪、榮光輪」緊急起錨，一前一後駛入臺北港。

這兩艘大型汽車貨輪除了裝載仿製臺軍的憲兵重機、悍馬車、雲豹甲車、輕型戰術輪車、中型戰術輪車、中型巴士、大型巴士，另外還一千八百名穿著臺灣陸軍、憲兵、警察制服的特戰兵。

▼凌晨四點

臺北，臺北港

眼前好像在舉辦軍事演習，又好像在協助部隊移防，一輛又一輛軍車，有大有小、有前有後，有的排列整齊，有的單獨行動，駛離港口後有的沿快速道路走海線，有的沿快速道路上高速公路，也有的走縣道，甚至狹窄的產業道路，看似雜亂無章，其實亂中有序。

所有行動都是靜靜悄悄、順順利利，兩個小時之後定海輪、榮光輪返回錨泊地，臺北港回復先前的寂靜。

臺北港還是臺北港，然而臺北市已不再是臺北市。

▼上午七點

臺北，土城

剛送先生出門上班，十分鐘不到，居然有人按門鈴！

憲兵指揮官夫人滿腹狐疑地走向大門，只見一位憲兵中尉帶著兩個身著中山裝的年輕人。

中尉行舉手禮：「我們是總統府派來的，這是總統送給指揮官的軍人節禮物。」

夫人這才注意到兩個年輕人手中各捧著一個禮盒。

總統真是體貼啊！

她客氣地請他們進入客廳，正想問需不需要喝杯水，兩個年輕人忽然一左一右抓住她手臂，中尉拿了寬膠帶順勢就封住她的嘴巴，三個人的動作配合得天衣無縫。十分鐘之內，夫人的母親、獨子、菲佣，全被五花大綁關到主臥室。

正當眾人嚇得魂飛魄散，中尉把兩個大禮盒打開，往床上一倒，竟是一疊又一疊的千元大鈔。

▼上午八點

臺北，忠烈祠

特勤中心上校組長帶著兩個組員，牽著兩隻狼狗四下巡視，來到正殿時碰到總統府副祕書長。

「副祕書長早！」組長問候。

「吻早！」

「這還需要副祕書長親自出馬？」

副祕書長露出一個微笑，心想「當然需要」，因為今早十點，由總統府負責舉辦的中樞秋祭大典，分三個場地同步在這裡進行：

（一）正殿由總統主祭，副總統及五院院長陪祭，邀請中央政府文武官員、遺族代表、三軍部隊代表及公務、警察、消防人員代表等二百餘人與祭。

（二）「文烈士祠」由內政部部長主祭，五院祕書長陪祭。

（三）「武烈士祠」由國防部長主祭，參謀總長、三軍司令、三軍副司令陪祭。

臺北，憲兵指揮部

指揮官正在使用手機看臉書，電話鈴聲響了，是兒子打來的。他壓下話鍵：「什麼事？」

「老爸，有急事，你現在立刻來碧海山莊。」

「什麼急事？」

「不方便在電話中講嘛，你現在立刻來嘛。」

獨子的語氣非常堅持，指揮官直覺聯想到兒子闖了什麼大禍，剎那間千百個念頭閃過指揮官腦海，他急忙起身推門而去。

▼上午九點

福建，義序軍用機場

六架運輸機都加滿了油，載運七百多個陸軍官兵，連同他們參加演習使用的輕型機動車輛和武器，準備飛往武漢王家墩機場。

萬事俱備，為什麼還不讓他們起飛？

駕駛不免煩躁，一去一回，連同下卸物資，少說也要八、九個小時。如果現在再不出發，趕得回今晚為愛人準備的慶生宴嗎？

大直，碧海山莊

座車轉進停車場，指揮官遠遠便瞧見兒子。

兒子揮手示意停車位置，靠近停車場出口的路邊，而不是停車格內。

指揮官略為心安，因為兒子面色從容。

座車停下來，侍從官下車，才打開後座車門，兩旁就衝出四位手持短槍，身著憲兵服的年輕人。

三十秒不到，指揮官身旁多了一位憲兵，前座司機與侍從官被挾持進入中巴，另兩位陌生的侍從官與司機則進入前座。

臺北，總統府

車隊離開總統府，所有行動小組收到「老鷹起飛」的信號，原本隱藏在北臺灣，看似沉睡的眾人，剎那間全醒了過來。

大直，衡山指揮所入口

負責守衛衡山指揮所的是憲兵二零二七排。

沒錯，一個排，營舍就在入口左邊的山洞裡。

這裡防衛銅牆鐵壁，實在守不住，緊急電鈴一按，指揮所就會從內部關閉厚如城牆的鋼門。屆時縱然使用巨砲，連轟幾十發也莫可奈何。

兩名衛哨站在液壓系統控制的鋼門內，一個是士官長，一個是中士，遠遠看到指揮官座車駛來，後面還跟著四輛憲兵重機、一輛雲豹甲車、一輛陸軍中型戰術輪車、兩輛輕型戰術輪車、一輛陸軍軍用大巴。瞧見這場面，士官長先是昏頭八腦，但是一閃念就明白了，恍然道：「萬鈞演習！」

萬鈞演習就是敵人執行斬首行動的時候，總統緊急撤往衡山指揮所的演習。

萬鈞演習的成敗關鍵是「時間」。每次演習後的檢討會，哪一階段、哪個單位使用幾分幾秒，都是長官要求的重點。

想到這，士官長對警衛室打了個「開」的手勢。

警衛室內的值日官壓下液壓系統按鈕。

沉重的鋼門緩緩開啟。

卻不料，疾駛而來的車隊，在通過衛哨後全停了下來。

說時遲那時快，三輛戰術輪車的車門同時開啟，連同四個騎重機的憲兵，二十八位全副武裝的特戰兵有的持長槍，有的拿短槍，個個身手矯健，風馳電掣般四散而去。

肯定他們十分清楚這裡的設施與功能，轉瞬間該制止的制止，該破壞的破壞，在槍口脅迫之下全體被關押在餐廳。

指揮所有位官員因為抽菸，正好站在遠處樹蔭下，駭然瞧見這畫面，可惜他的疑問遠遠大於震驚：難道這是衡安四號演習？

為了防衛衡山指揮所，國防部擬定了九套劇本，分別從衡安一號到九號。衡安一號是強度最大的核武攻擊，衡安九號是強度最低的內部人員叛亂，衡安四號則是介於中間的軍事政變。

眼前東奔西跑的全是國軍弟兄，用的也是國軍裝備，這不就是無預警的衡安四號演習嗎？

如果不是，如今哪個將領有能力，帶領一群「無視生死」的弟兄為他賣命？

不管是誰，在哪，看到什麼景象，心裡都是三分震驚，七分疑惑；當他還在思考怎麼回事、要不要報告、向誰報告、報告什麼、長官會怎麼想……，臺北的天空已經變了。

臺北，八二三砲戰紀念公園

公園位於北安路與中山北路交叉口，是總統車隊前往忠烈祠必經之地。負責路口燈號控制的警察，瞧見車隊通過，才將燈號控制恢復正常，回過身，便見兩輛車用中型巴士開過來。

中巴停下，裡面走出六位手持衝鋒槍的憲兵，三位腰配手槍的警察，個個神色威武、身強力壯。

他還在奇怪，已被迅速挾持進入中巴，嘴巴黏上寬膠帶，渾身五花大綁。

他不知發生了什麼事，但猜想一定和「總統安全」有關，渾身像打擺子似地發抖。

三位警察迅速建立路檢，交通基本維持順暢。不過，持槍的憲兵眼神銳利，像雷達般掃視著往來車輛，似乎在抓脫逃要犯。

前後不到三分鐘，忠烈祠通往衡山指揮所的主要道路，先後建立了五個路檢。

聽到「五個」，你可能覺得「還好」，但假如了解附近地形，會清楚這簡直就是天羅地網！

▼上午十點

在總統府副祕書長引導下，總統走入正殿，才就「主祭」位，司儀未來得及發出第一聲，身後便傳來陣陣槍聲、喊聲、引擎聲、煞車聲……，所有參與祭典的文武百官赫然轉身！

槍聲大部分來自隱身在遠處的狙擊手，其次是擒鷹小組特戰兵，少數來自總統侍衛。

一方是有備而來，一方是倉促應變，誰勝誰負不想可知。

五輛大巴直接停在正殿出口，近百位特戰兵疾奔而入，文武百官有的面色慘白，有的故作鎮定，不管反應如何，人人心中轟然閃過「完了」兩個字！

在槍口脅迫下，總統、副總統、五院院長、五院祕書長、內政部長、國防部長、參謀總長、三軍司令與副司令，分別登上大巴，每個長官都被手槍頂著後腦門，臉朝外，緊緊貼著車窗的玻璃。

廣場捲起一陣淡淡的青煙，大小車輛迅速通過大門，四輛憲兵重機前導，一路拉出刺耳的警報。

僅僅六分鐘，車隊順利通過衡山指揮所大門。

中壢，陸軍六軍團

剛剛結束「軍人節慶祝大會」，指揮官回到辦公室，脫下大盤帽，拿了毛巾擦拭汗水，手機這時發出「嘟嘟」。

是簡訊鈴聲。

指揮官歪頭看了看，來自老婆，點選開啟，簡訊內容如下：

（一）全家被對岸特戰兵綁架，生死由你「配不配合」決定。

（二）不必叛國，但要堅持「軍以令行」：

(1) 沒有參謀總長命令不可以調動部隊。
(2) 沒有部長命令不可以下達「第一擊」。
（三）如果願意配合，不必擔心家人安全，對方待我們「非常好」。
（四）以下這句話發自我內心：期望你和家人站在一起。
指揮官一個踉蹌跌坐在沙發，再想想家人安全沒有問題，暗暗鬆了口氣，接著好奇「非常好」的意思，以及除了他，臺灣還有哪些將領遭受到同樣威脅？

大直，衡山指揮所

某些事情在電影中看到，感覺精采萬分，甚至會鼓掌叫好。其實在現實生活中碰上，只會讓人屁滾尿流。

總統雖沒有屁滾尿流，但兩腿隱隱發抖。想到自己是總統，必須表現勇敢，可是沒有辦法就是沒有辦法。

二十一位被綁架的長官進入指揮所，內部人員的第一個動作是關閉如城牆般厚重的鋼門。

除了總統、國防部長、參謀總長、三軍司令，其餘長官全被押進會議室。眼見所有操作官兵都是陌生面孔，參謀總長悄聲向部長報告：「全換成了他們的人。」

的確都是他們的人，在總指揮督導下，指揮中心迅速對三軍下達以下命令：

(一)為應變緊急事故，各單位即刻執行下列行動：

(1)在空機返場。

(2)在航艦依指示靠泊最近港口。

(3)沒有參謀總長命令，部隊嚴禁調動。

(4) 沒有國防部長命令，任何單位都嚴禁執行「第一擊」。

(二) 違反前令，不管身分為何、理由為何，一律視同「敵前抗命」。

海峽兩岸

全臺電子媒體紛紛發布新聞快報：軍方藉中樞秋祭發動政變，總統與高階官員被綁架，目前狀況不明。

透過網路，「軍方政變」的消息迅速傳遍全臺。三軍各單位主官一個頭十個大，因為正逢軍人節，大部分官兵在外休假，工作崗位缺員極其嚴重。

大陸西南沿海十二座機場，各起飛六架運輸機。直到起飛之後駕駛員才明白，此行的目的地是臺灣軍用機場。

結束復華演習，準備返回駐地的解放軍六支艦隊，全部增速轉向駛往臺灣軍港。

大直，衡山指揮所

巨型螢幕播放的是中共總書記的錄影，他的談話重點如下：

（一）北京不想發射一顆子彈，不願意傷害一個人，只要你們不反擊，我們絕不攻擊。

（二）北京保證以下一國兩制內容：

(1) 臺人治臺。

(2) 臺灣可以保有原制度與生活方式，至少五十年不變。

(3) 北京不僅不派黨政軍來臺，中央還給臺灣留下位置。

(4) 臺灣不必上繳稅收，中央還會撥款補助地方建設。

(5) 針對軍公教退休俸：

① 恢復年改之前的額度，所需差額由北京補助。

②實施新制以後這些年的差額，北京一次補齊。

臺北，空軍防空暨飛彈指揮部

副指揮官在營當值，看到手機傳來政變的消息，驚得張口結舌。不巧此時座機鈴聲大作，嚇得他彈身而起，抓起話筒，聽了幾秒，由於手顫抖得太厲害，話筒砰一聲掉落地面。

副指揮官衝進管制室，看到螢幕「空中目標」符號，大喊一聲：「怎麼會這樣！」

接著他衝向話機，抓起話筒顫聲道：「我要和空軍司令說話。」

衡山指揮所不知說了什麼，副指揮官聆聽片刻，忽然吼道：「我一定要先和司令講話」。

臺北，衡山指揮所

操控員打了個手勢，總指揮揚聲問：「什麼事？」

「防空指揮部領導，堅持要和空軍司令員講話。」

總指揮舉起手槍對著空軍司令：「不必多講，只要堅持『照命令執行』。」

空軍司令走了幾步，總統對參謀總長使了個眼色。

參謀總長會意，大喝一聲：「不要聽他的。」

剎那間場面僵在那兒。總指揮鼻孔噴出一道冷氣：「拖到廁所槍斃。」

一位軍官帶領兩位戰士，左右架著參謀總長拉拉扯扯走向廁所。

參謀總長一路大吼大叫，被押進廁所後因門的阻隔，音量降低許多。可是沒多久，猛然傳來兩聲槍響，四下便又跌入死寂。

總指揮槍口再度指向空軍司令。

空軍司令一步一顫，抓起話機：「我是司令，什麼事？」

空軍司令越聽眉頭皺得越深：「事情不是你說的那樣，現在沒時間跟你解釋，照衡山指揮所發布的命令去做。」

▼上午十一點

臺灣，三軍部隊

事情發生得太突然、太震撼、太不可思議……，更麻煩的是真相模糊不清——真的是軍事政變嗎？誰發動軍事政變？臺灣今天的環境，軍事政變有成功的可能嗎？

由於疑問太多太多，再加上軍人節休假的官兵也多，因而在人力不足、真相模糊不清的狀況下，自保之道非常簡單，只有四個字：軍以令行！

十個錯、百個錯、千個錯……，只要照命令做，絕對不會錯。

馬公，軍用機場

六架運輸機長驅直入，安全降落之後，停機坪迅速出現七百多名全副武裝的官兵，配合數十輛武裝吉普車，大夥訓練有素地分頭辦事。不到一頓飯的時間，馬公軍用機場防砲陣地、行政大樓、指揮塔、油庫、維修設施、戰鬥機、運輸機……，盡入解放軍之手。

同一時間……，嚴格地說前後差了三分二十七秒，全臺所有軍用機場各降落六架運輸機，空軍引以為傲的戰鬥機、預警機、電偵機、運輸機、教練機……，沒有一架例外，全成了解放軍的資產。

北京，中央電視臺

透過全國聯播，北京傳達中共總書記對臺講話，重點如下：

（一）八月中旬兩岸會談，臺北冷血拒絕和平協議，北京被逼得不得不採取此次行動。

（二）我們反對的是臺獨，不是臺灣人民，不是行政人員，更不是臺灣軍隊。只要不支持臺獨，不管你的身分是什麼，政治理念是什麼，都是我們的好兄弟。我也可以這在保證，兩岸一家親，中國人不打中國人，只要不反抗，解放軍絕不傷害任何人。而所有因為統一遭到的傷亡或損害，我們會做好撫恤與賠償。

（三）所有軍公教、勞工、農民退休待遇，臺灣高的比照臺灣，大陸高的比照大陸。臺灣不足的部分，北京全數補足。

（四）臺灣軍公教實施年金改革所刪減的退休俸，北京負責補貼差額。至於實施新制以後到今天的差額，北京全數一次補齊。

（五）保證臺人治臺、一國兩制、五十年不變，臺灣擁有自己的黨政軍，北京不僅不派官員來臺，中央還給臺灣留下名額。

（六）臺灣無須上繳稅收，北京還會撥款給臺灣地方建設。

▼正午十二點

馬公港，鄭和艦

雖然是軍人節，但鄭和艦是「在港防空」當值艦。艦長帶著官員在官廳觀看「總書記對臺講話」。

他邊看邊罵，偶爾氣到右拳重擊左掌。

轉播結束，艦長怒氣沖沖站起來，重重一拍桌：「拉備戰！」

臺北，衡山指揮所

拉備戰就是全艦就戰鬥部署。

解放軍輕易占領全臺十二座軍用機場，總統、國防部長、三軍司令看得臉色慘白。

巨型螢幕出現海協會會長的臉孔，他溫言勸說和平統一、一國兩制的好處。

說來奇怪，原本小腿直抖的總統，自瞧見參謀總長被殺，心中升起一股怒火，也猛然有了「臨死不屈」的勇氣。此時冷冷地看著巨型螢幕，等海協會會長講話到了一個段落，總統語氣堅定地說：「我是臺灣人民一票一票選出來的總統，在我回答會長的問題以前，我必須先問臺灣人民的意見。」

馬公港，鄭和艦

艦長砰一聲推開鐵門，臉色漲紅地走進戰情室。

所幸備戰時開的是紅燈，沒人看出艦長異樣的臉色。

作戰長靠近艦長，低聲報告「戰情室備便」，意外聞到濃濃的酒味，才在訝異，就瞧見艦長腰際掛著手槍。他偷偷對飛彈長使了個眼色，飛彈長沒有留意，因為他兩眼緊盯著艦長。

艦長拿出飛彈發射鑰，扳開護蓋，插進鑰匙孔，右轉，接通飛彈發射火線。

北京，擒鷹行動中央指揮中心

指揮中心洋溢在一片喜悅的氣氛中，因為所有臺軍軍用機場盡入解放軍之手，突然這時有人報告：「馬公港出現對空雷達信號。」

主席側過臉望向總參謀長。

「發射反輻射導彈？」

主席微點頭，總參謀長抓起話筒下達命令。

馬公港，鄭和艦

從馬公機場起飛，準備返回漳州機場的六架運輸機，一架跟著一架，猶似在天空劃下一道長鞭。鄭和艦艦長瞧見這陣勢，明白是中共的運輸機，不過還是習慣性地問了句：「敵我識別？」

作戰長壓下話鍵，聆聽片刻回報：「沒有敵我識別信號。」

艦長手指向螢幕中距離最近的空中目標：「鎖定。」

射控上士熟練地敲了幾個鍵，然後回報：「已鎖定。」

艦長下令：「指令SM二（標準二型飛彈）。」

飛彈士官長愣在當場，站在後方的飛彈長敲了下他腦殼，士官長連忙敲擊鍵盤，再顫聲道：「備便發射。」

艦長斷聲下令：「發射！」

千鈞一髮之際，作戰長按住士官長肩頭，同時提醒艦長：「第一擊必須由國防部下達。」

艦長怒道：「他們全被抓了，等國防部……，去你媽的，要等你去等。」

士官長感到萬分為難，聲音很低，似乎在跟自己講話：「不要發射吧？」

艦長後退兩步，拔出腰際手槍，槍口不住抖動地向四周掃了圈，尖著嗓子喊道：「我是艦長，我做決定，我負責，誰他媽的再敢廢話？」

臺北，衡山指揮所

螢幕顯示一架運二〇在澎湖海域被擊落，總統嘴角露出一個不易察覺的笑容。然而笑容還未褪去，澎湖作戰中心回報：鄭和艦遭受兩枚飛彈攻擊，目前傷亡不明。

聽到這消息，總統的心沉了下去。

總指揮趁這機會進言道：「你們反擊越強，傷害就越重。目前所有機場全在我們手裡，再一、兩個小時，所有軍港也會落入我們手裡。失去了空軍和海軍，你們還能依靠什麼？」

陸軍司令不知哪來的勇氣，忽然冒出一句：「陸軍。」

總統、國防部長同時點了點頭。

總指揮不以為然：「從昨天到今天，我們在臺北港、臺中港、高雄港，透過十二艘貨輪載運四萬七千多個戰士，編組成三百二十二個特攻隊，現在在臺灣三百二十二個戰略要地監控。好比駐防在龍潭的戰車，營區出口往南、往北的道路和橋樑，只要我一聲令下就會被摧毀。再來你們的高鐵、臺鐵、高速公路、快速道路、捷運，同樣我一聲令下，要它斷就斷，要它停就停。還有你們的飛彈基地、電廠、油廠……。」

總統厭煩地揮了揮手。

總指揮心虛，以為總統識破他在吹噓，連忙長話短說：「你們的反抗行動盡是七傷拳，每一拳傷我三分，傷你七分。給您良心建議：放下武器，大家和和氣氣商討兩岸和平統一。」

▼下午一點

高雄，左營軍港

六艘軍艦依序駛入，由於港口信號臺控制權已落入解放軍控制，因而一路通行無阻。即使如此，為了防範意外，高雄外海始終保持兩個小隊，各六架戰機來回巡弋。

臺北，衡山指揮所

目睹左營港落入敵手，海軍司令覺得顏面無光，長長嘆了口氣。

國防部長跟著嘆了口氣。

空軍司令接續也嘆了口氣。

陸軍司令微微閉起雙眼，跟著嘆了口氣。

總統冷哼一聲：「就會嘆氣？」

非常情緒的一句話，何必呢？陸軍司令是鐵漢子，怒睜雙目瞪著總統：

「請問總統有什麼指示？」

總統氣得扭過身子。

空軍司令、海軍司令偷偷對陸軍司令比了個大拇指。

瞧見這一幕，國防部長忽然有了勇氣與點子：「報告總統，兩岸問題應該

用政治手段解決，硬碰硬，我們占不到便宜。」

▼下午二點

北京，外交部

外交部主持的國際記者會，發言人講話重點如下：

（一）臺灣問題是中國內政問題，任何國家都不能干涉，也無權干涉。

（二）臺灣最近幾年實行的是黑幫政治，政府官員勾結政客，大家相互掩護、集體貪污，無法無天的地步令人髮指。我這裡提供一份名單，裡面是臺灣最近七年重大購案的白手套、政治蟑螂、幕後黑手，以及他們在不同購案貪了多少錢。總共四十七個重大購案，涉案人四百五十一個。對這份資料有興趣的話，請上網查閱外交部網站，詳細資料已經在網站公布。

（三）中國堅決反對暴力，針對兩岸問題我們會堅守：只要臺灣不攻擊，我們絕不還擊的大原則。

（四）中國尊重臺灣民主發展的成果，北京不會改變臺灣人民的生活方式，更不會在經濟方面掠奪臺灣的資源。

（五）請臺灣同胞體諒祖國的心情，因為遇到主權問題，任何國家、任何領導人，都不可能做出絲毫退讓。遇到國家主權，所有問題都要靠邊站。

臺北，衡山指揮所

總統神色凝重地看完中國外交部記者會，總指揮悄悄靠過去，以近乎耳語的聲音說：「那份名單本來應該有您五個親戚，貪污金額從四億七千多萬到二十七億三千多萬。」

總統厭煩地揮手制止。

總指揮沒有理會，接續說：「我們對您以及您家族的了解，肯定超過您自己。您也不在這份名單裡面。假如不配合，我們很樂於公布。」

總統臭著臉，閉上雙眼，不理就是不理。

臺灣，馬公港、臺中港、臺北港

中共三支艦隊分別在空中兵力掩護下，先後靠泊馬公港、臺中港、臺北港。艦艇一旦完成靠泊，碼頭便出現近百位全副武裝的官兵。六艘，七百多個，再配合登陸艦下卸的吉普車、輕型戰車、小口徑快砲，迅速取得港區控制權。

▼下午三點

北京，擒鷹行動中央指揮中心

看到支隊順利進入基隆港，臺灣六個軍港全數遭到解放軍控制，指揮中心響起一片掌聲。

總書記宏聲道：「大家辛苦。」

掌聲更加急促，同時爆出一聲：「不辛苦。」

總書記走向海協會會長：「怎麼樣？」

會長無奈地說：「就是不回應。」

總書記點點頭，然後說：「我跟他一對一，私下講幾句。」

兩邊工作人員火速拿出頭罩式耳機，總書記戴上，位於衡山指揮所的總統也戴上。只見總書記悄聲說了幾句，總統便像認命似地微閉雙眼。

好奇總書記說了什麼嗎？

很抱歉，之後總書記沒有告訴任何人，總統也不可能跟別人說，以致這事情最終成了歷史懸案。

臺灣，電子媒體

所有新聞台都緊急改成現場叩應節目。

往日悍衛執政黨的名嘴，絕大部分改變了立場，針對中共外交部提供的名單，眾口一致要求他們永遠滾出臺灣。不過，執政黨立委斬釘截鐵地保證，這是無中生有、栽贓抹黑，請國人不要相信對岸提供的假訊息。

臺北，衡山指揮所

總統就是總統，短暫失神後迅速重整面容，鎮定地望向總指揮：「總書記說只要臺灣不攻擊，你們就絕不還擊？」

「是這樣。」

「我們參謀總長呢？他有什麼攻擊行為？不過是行使他的責任，命令他的下屬──空軍司令，不要聽你的。怎麼，不聽你的，就判他死刑，而且立即執行？你這是流氓行為，你要我如何相信流氓的保證？」

講得太好了，縱然部長與三個司令才和總統有不愉快的經驗，此時也同時用力點頭，暗暗佩服總統的機智敏銳。

卻不料總指揮打了個手勢，兩個特戰兵走入廁所，沒多久便把嘴巴貼著膠帶，兩眼骨碌碌轉的參謀總長拖了出來。

總指揮接著說：「所有在忠烈祠遭到槍擊的侍衛，我們都打他們手腳，沒射致命部位。」

海軍司令感覺有語病，質問道：「兩枚攻擊海軍的飛彈呢？」

總統暗暗搖頭，因為是海軍先發射飛彈打落人家的運輸機嘛！

總指揮沒追究誰先發射飛彈，而是說：「那兩枚是反輻射飛彈。」

總統聽不懂，微微皺起眉頭，部長見狀斜過身子，低聲解釋：「反輻射飛彈攻擊雷達，不打人。」

總統發出肯定的「嗯」，站起來，對國防部長打了個「跟我來」的手勢，兩人步入扣押其他長官的會議室。

會議時間不長，大部分是國防部長在講話。

當大家了解臺灣空軍、海軍全數落入對岸之手，紛紛失望地搖搖頭，沒人再有其他意見。

▼下午四點　臺北

關押在衡山指揮所的長官，除了國防部長與軍職將領，其餘全部獲得釋放。

大家如虎口餘生般回到工作崗位，沒人對媒體發表任何意見，因為真相必須由總統出面說明。

總統在國安會祕書長、行政院院長陪同下召開記者會，重點有兩個：

（一）為追求和平，兩岸共同放下武力對峙。

（二）為追求中華民族復興，下週一在臺北展開兩岸談判。

「擒賊擒王」有點像電影「虎膽妙算」，許多令人驚心動魄的情節環環相扣，倘若出了一個差錯，可能便前功盡棄。

不管成功的機率有多低，「擒賊擒王」點出兩個重點：

首先，如果試圖綁架臺灣高層，最理想的時機就是中樞春祭或秋祭。除了文武百官雲集，更因忠烈祠緊鄰馬路、場地開闊，幾乎找不到藏身處，是一個易攻難守的地點。

其次，當國防部大肆採購軍火、積極強化武力時，有沒有想過對岸攻臺方案，可能是避開我們自以為「強不可破」的某個防衛？

講一個歷史故事，或許能給我們些許啟示：

二次大戰之前，法國為防衛德國從東而來的攻擊，耗費巨資興建馬奇諾防線。

馬奇諾防線堅如鐵石，縱然德國使用傾國之力也無可能穿透。

結果呢？

二戰爆發，德軍避開馬奇諾防線，輕輕鬆鬆地從北方進入法國。

馬奇諾防線能給臺灣什麼啟示？

第六章……武統想定三：窒息封鎖

DDH時：十二月二十五日清晨八點

D減二百八十日……

中國八四六研究所研製一千枚水雷，功能如下：

（一）布放水深：小於三十米。

（二）引爆方式：計數、磁性、音響、壓力。

（三）系統功能：

(1)可設定「啟動」時間。

(2)可設定「睡眠」時間。

(3)若收到「加密音頻」，可重新啟動、重新睡眠，或引發「自爆」。

D減八十日

中國第五戰區宣布將舉辦「穿石三號」演習：

（一）操演日期：十一月三日至十一月六日。

（二）操演區域：東西寬一百海浬，南北長一百四十海浬的長方形；左上角位於石垣市方位一八〇度，距離五十海浬。

（三）高度範圍：海平面至八百公里。

（四）參演兵力：火箭軍、戰略支援部隊、艦艇十二艘、飛機二十四架。

D減五十五日

華盛頓，紐耶佛山莊

美國國務卿佇立在大門外，瞧見老朋友中國前駐美大使，遠遠就露出熱情的笑容。

兩人大步接近，熱情擁抱，互相客套近況，國務卿才問：「找我一定有事吧？」

大使指了指森林步道。

國務卿識趣地走過去，兩個人邊走邊聊。

安全人員在後面保持一段距離。只見大使不停地說什麼，國務卿專注地聆聽，偶爾點頭表示同意。

D減四十九日

穿石三號演習操演海域，旗艦山東號

實彈射擊結束，二砲副司令員彎著身子，小跑步登上直升機。強風吹亂了他的頭髮，素來注重儀態的他顧不了那麼多，直接對駕駛比了個「起飛」手勢。

直升機呼地飛離山東號航母，十一分鐘以後，半沉半浮的靶船進入副司令員視線。

靶船是報廢的貨櫃輪，兩萬八千噸，比美國航母的十萬噸小了許多，設計師曾擔心從大氣層之外，俯衝而下的東風二十一導彈，命中的機率不高。

不過這一刻，副司令員露出滿意的微笑。

太平洋，雷根號航母

透過資料鏈系統收到間諜衛星送來的彩色照。印太司令部指揮官兩眼炯炯盯著巨型螢幕中的彩色照。

他的身子一動不動，但心臟砰砰直跳！

若非親眼所見，很難令人相信中國的導彈如此精準，幾乎命中靶船的幾何中心，瞬間產生的爆炸威力輕易摧毀了一艘近三萬噸的貨櫃輪。

指揮官心知肚明，中國在這個海域射擊導彈的目的。中國有句諺語是……，什麼人舞劍，意在什麼人……，指揮官暗暗提醒自己等會兒上網查清楚，拿中國人的諺語說明解放軍的意圖，除了顯示自己有學問，更可增加說服力。

D減四十五日

福建省，莆田市

宏海修造船廠最近接到一筆大生意，祕密改裝八艘近海漁船，解放軍列出的條件是：

（一）外觀類同臺灣漁船。

（二）裝魚貨的冰櫃改建成水雷艙。

（三）船肚擴建「施放孔」。

（四）水雷艙與施放孔之間安裝「施放軌」。

D日

▼上午八點

臺灣

八艘被改裝的近海漁船，兩兩一組，分別在基隆、臺北、臺中、左高外海捕魚，收到「下蛋」信文，各依計畫在指定地點「下蛋」，設定的「啟動」時間為當日一二〇〇，「睡眠」時間為七天以後。

▼上午十點

北京，中南海

中國共產黨總書記發表「對臺灣同胞講話」，重點如下：

（一）過去半年，北京用盡方法開啟與臺北的對談，但是全遭到拒絕。臺灣不願意接受統一，我還能體會；可是教育年輕人臺灣人不是中國人，這是數典忘祖，我沒有辦法接受。

（二）某些國家運用兩岸形勢，積極武裝臺灣軍備，一方面大賺軍火財，一方面挑撥兩岸矛盾，加深彼此仇恨。

（三）今天中午十二點開始，解放軍將全面封鎖臺灣對外交通。

（四）臺灣問題是中國內政，任何國家都不能干涉，尤其不能以軍事行動干涉。假如以軍事行動干涉，那就等於「開戰」。凡是對中國開戰的國家，無論外交、經濟、軍事，中國都將遵照「戰時敵對國家」的關係處理。

主席談話之後，國防部發言人接著說明封鎖任務的軍事作為，重點如下：

（一）已經在基隆港、臺北港、臺中港、左營港、高雄港對外航道布放水雷，此刻開始直到未來宣布解除為止，請往來商船避開前述港口沿岸三十公里海域。

（二）臺灣海峽南、北兩端，距離臺灣島八十海浬，北海艦隊與南海艦隊各派偵巡艦隊巡弋，他們有權臨檢所有進出臺灣港口的船隻。如果發現運載油料、天燃氣、武器、彈藥等戰備物資，因為屬於「協助叛亂」，解放軍有權扣押、沒收。

（三）所有進出臺灣的客機、貨機，進入前必須先降落福州機場，起飛以後同樣要飛往福州機場接受檢查。至於因轉飛福州機場所增加的支出，我們會做出合理的補償。同樣的，我們有權扣押、沒收戰備物資，有權拘捕企圖協助叛國的不法人士。

記者會現場充滿肅殺之氣，然而讓人震驚的事情還未結束。外交部發言人接續說明「全國上下配合封鎖臺灣」的工作細節，重點如下：

（一）以下命令自本日一二〇〇生效：

(1) 斷絕兩岸交通往來，不管地點、航具、路線、官方或民間，全部斷絕。

(2)禁止陸港澳同胞以任何理由、任何身分、任何方式前往臺灣地區。

(3)臺灣同胞欲前往大陸地區，必須透過他國轉機。

（二）即刻禁止陸港澳向臺灣採購或輸出商品。如果已經簽署合約，請向各省臺辦查詢合約能否繼續執行。

（三）即刻斷絕兩岸經貿、文化往來，舉凡郵件、貨運、電匯、銀行轉帳、交換學生、藝術表演、學術會議……，全在禁止之列。

（四）凡是在陸港澳營運的臺資企業，請於三日內在臺灣四大報刊登「反臺獨」聲明，假如有困難，請向各省臺辦提出書面說明。如果不刊登又不說明理由，政府會吊銷公司營運許可。

（五）所有因封鎖臺灣造成的損失，不管是公司或個人，請到中國外交部

「我反對臺獨」網頁登記，詳細說明「原因」與「損失金額」，我們會派專人與您連絡，只要合情，我們會給予合理的補償。請大家放心，這個網頁資料僅供內參，不對外公開。

臺北，總統府

臨時召開的「國家安全會議」，從發出通知到現在，不到十二分鐘，所有收到通知的長官都到齊了。

總統環視現場：「看了剛才北京記者會嗎？」

眾人同時點頭。

「有什麼建議？」

國防部長率先發言：「國防部已經下令三軍部隊，立即提升到一級戰備，所有人員取消休假……。」

總統厭煩地舉起右手：「這全是你權責內的處置，不是現在要討論的問題。我問的是：國家要如何面對今天的問題？」

碰了個釘子，部長臉色微變。

海基會董事長建議：「和對岸立即展開協商？」

總統反問：「協商什麼？一國兩制？如果他們再加大力度，我們是不是該接受一國一制？」講到這，總統轉過頭看著國安局局長：「那麼大的事，為什麼你們事先沒有情報？」

回答之前，國安局局長喉節上下滑動了下：「局裡有接獲一些情報，可是……，參謀覺得不可能。」

局長聲音沙啞，眾人心想剛才他在局裡必定大發雷霆。

總統冷冷盯著局長：「不可能！現在可不可能？這是國安局『局長』該

有的回答？」

總統刻意加重「局長」兩字。

局長臉一陣青一陣白。

顯然總統心情不好。但這怎能怪他？任誰處在這位置，此時心情都不會好。

眼見氣氛有點僵，國安會祕書長緩聲道：「這種大問題不是單一手段能夠解決。不管什麼方法，只要能降低兩岸衝突，都要嘗試。我建議海基會該進行的協調盡快去做，不過最重要的是通知美國。假如美國願意挺身而出，日本、南韓、印度、澳洲……，都可能支持我們。」

臺北市，雙湖匯大廈

驚疑不定地看完北京記者會，豐城集團會長幾乎要癱了，想到生意將因封鎖遭到毀滅性的打擊，心臟加速跳動，偏偏這時又喘不過氣來。

他輕拍胸口，試圖喘一口氣。

手機鈴聲響了。

會長拿起手機，發現是中共人大主席來電，心中頓時燃起一線希望。

他曾經和主席多次長談，兩人對「與其打個臺灣，不如買個臺灣」有充分的共識。此時此刻，不就是推動此共識的最佳時機？

▼上午十一點

臺北，總統府

快步離開會議室，國安局局長仍在生氣，身後有人輕輕碰了碰他，回過頭才知道是國防部長。

部長對局長打了個手勢，示意繼續走，兩個人肩併肩講悄悄話。

局長憤憤不平地說：「他媽的，我剛才差點拍桌走人。」

部長手掌向下壓了壓：「此時此刻千萬要忍住。」

「我這一生沒人敢這樣對我講話！有什麼了不起，老子不幹可以吧？每天賣老命拚死拚活，一天睡不了幾個小時，我沒功勞也有苦勞啊。」

「總統有他的難處。」

局長突然停下腳步，提高了音量：「是誰把場面搞到今天這地步？我嗎？國安局早有建議不要讓北京對『和平統一』絕望，不絕望就不會走絕路，他聽了嗎？」

聲音很大，好幾個在總統府工作的同仁從辦公室探出頭。

局長發現自己失態，咬了咬牙不再出聲。

部長拍拍局長手臂：「這幾天將會是我們這一生最嚴厲的考驗，有什麼情報我們不妨先通個信息。」

局長用力點頭，完全同意。

臺北，立法院

院長快步走入貴賓室，因為後面事情太多，不得不快。

貴賓室坐著國內六大企業的會長或董事長，長年以來都是執政黨忠實的支持者。院長周道地和眾人握手，坐下來，一句客套話都沒有：「我能做什麼？」

年紀最長，事業版圖最大，身材最胖的豐城集團會長代表發言，同樣一句客套話都沒有：「先倒閣，再逼總統下臺。」

院長驚得嘴巴微張，卻說不出一個字。

「不然怎樣？打仗？」

院長回過神來：「總統下臺，誰上臺？」

「你！你代表民意，國家現在需要民意治國，人民早就厭惡透了意識形態。」

院長環視眾人，其他五個沒出聲的大老闆同時點頭。

院長露出為難的表情。

胖會長劈頭便問：「要多少？」

院長急忙揮手：「不是我哦，這種事，難辦吶，想要辦得漂亮，用錢講話最好笑。」

瞧見眾人面露疑色，院長警覺到自己說錯話，急忙補充：「不是好笑，是『有效』，最有效。」

眾人一陣爆笑，院長跟著大笑。

華盛頓，白宮

直升機降落在停機坪，美國國務卿從座艙中走出來。

一位身著黑色大衣的紳士迎上去。

國務卿認出是侍衛官，忍不住罵道：「去他的，中國人都不尊敬上帝嗎？」

此刻是聖誕夜，侍衛官明白，說明道：「共產黨都是無神論者。」

國務卿一臉火氣：「他們不睡覺？」

「現在是北京時間上午十一點。」

國務卿呸一聲：「他們不睡，我要睡啊。」

▼正午十二點

臺北，立法院

立法院成立至今，各黨團總召表現出少有的團結。實在是大敵當前，不得不團結。

協商結束，院長和各黨團總召握手，每一隻手他都抓得很緊，上下搖了又搖：「拜託，國家的未來，人民的幸福，決定在這時候。」

K黨總召伸出右掌，掌心朝下。

其他人微一愣。

D黨總召反應快，伸出右掌壓上去。

大夥明白了，先後伸出右掌疊在一起。

院長帶頭喊了聲：「加油！」

眾人齊呼：「加油！」

華盛頓，白宮

美國總統以手遮口，明顯打了個哈欠。

這動作很有傳染性，幾位長官先後跟著打了個哈欠。

眼見大家都累了，總統快人快語道：「講三個重點：一，如何行動；二，如何行動；三，還是如何行動。我們能採取什麼行動？」

國務卿把目光轉向國防部長，示意他講話。

部長露出為難的神色：「我們在附近有兩個航母戰鬥群，可是我不建議這麼做。」

眾長官沒出聲，都看著部長。

部長不得不解釋：「中國在臺灣東邊海域進行了四次實彈演習，使用東風二十一導彈攻擊貨櫃輪，明顯在警告我們，如果航母過去，他們可以使用導彈攻擊。」

總統左眼皮微微吊起：「所以你們就不敢過去？」

「東風導彈從大氣層之外，幾乎是垂直的角度向下，速度超過九馬赫。這世界沒有艦用戰鬥系統能夠防衛『從天而降』、速度超過九馬赫的武器。另外，所有軍事裝備……，好比說坦克、戰艦，最脆弱的部位都是『正上方』。」

總統再度吊起左眼皮：「中國導彈可以擊沉我們航母？」

「過去四次演習，中國各射一枚導彈，徹底摧毀四艘三萬至六萬噸的貨櫃輪。」

「我們航母的裝甲比貨櫃輪堅固多啦，不是嗎？」

「是沒錯。」部長同意，卻說：「航母有航空燃油、艦用燃油、戰鬥機，以及大量導彈、飛彈、炸藥，萬一打中其中一個……。」

沒再說下去，大家都懂。

國務卿補充：「我們一艘航母官兵人數，超過『珍珠港事變』加上『九一一恐攻』的死亡人數。」

總統露出不服氣的表情：「可不可以使用經濟制裁？好比說中國怎麼封鎖臺灣，我們就怎麼封鎖中國？」

國務卿反問：「以什麼身分、什麼理由？」

「我們不是曾經封鎖北韓？」

國務卿明白總統不讀書，所以耐心解釋：「那是聯合國決議。」

大家一聽聯合國，同時搖了搖頭。中國是聯合國五個常任理事國的成員，要中國同意制裁自己，比登陸火星還困難。

總統也搖了搖，不過是他舉起的右掌：「我不管聯合國，我就是要這麼做，不行嗎？」

「對小國可以。對大國……，好比中國，不恰當。」

國家安全顧問這時插口：「中國說，如果我們以軍事力量干涉，他們就視同開戰。如果以『戰時敵對國家』處理兩國經濟關係，中國可以沒收所有美國企業在中國的投資。當然，我們也可以沒收中國在美國的投資。可是這麼一來，全球經濟會受到什麼衝激？其他國家不會反對？因為臺灣，美國和全球作對，值得嗎？」

總統自覺面子下不去：「就算戰爭，中國憑什麼沒收美國企業在他們那裡的投資？」

國務卿氣得想罵「你有沒讀書」，但畢竟是政客，還能微笑：「二次大戰的時候不要說是財產，我們把在美國生活的日僑抓起來關進集中營，一直關到戰後才釋放。」

總統面露疑色：「我們有這樣嗎？」

眾人同時點頭。

「我們總該做些事情吧？」總統皺眉想了想：「派幾艘軍艦通過臺灣海峽？」

國防部長回道：「中國沒有封鎖海域，只是臨檢可疑商船。我們派船過去，他們不會臨檢，不會阻攔，我們就是通過，也僅僅是通過。假如他們臨檢商船時我們正好在附近，依據國際法，我們對他們也不能怎麼樣，因為海軍在海上有國際司法警察身分，擁有臨檢可疑船隻的權利，除非他們像海盜一樣搶劫商船，我們沒有阻止他們臨檢的權力。」

瞧見總統眼角往上吊，國務卿猜到總統想說什麼，急忙搶言：「先不要出動軍隊，派代表去北京與臺北，請雙方各退一位。」

總統連連點頭：「我也這麼想，好，很好，行動，找兩個非常有實力的人立刻出發。」

國務卿指指手錶。

「你有事要先離開？」

國務卿心裡又罵了句髒話：「現在是半夜。」

「又怎麼樣？」

「沒有航班。」

「下令空軍派專機。」

▼下午一點

臺北，立法院

雖然是臨時院會，但委員出席之踴躍，史無前例。除了三位出國，還在天空往回趕的委員，其餘全員到齊。甚至癌症開刀，仍在住院觀察的委員，也吊著點滴、坐著輪椅來到會場。

行政院各部會相繼簡報，全是令人失望的消息。

股市原本小幅上漲，北京記者會進行到一半，幾乎所有股票跌停，匯市臺幣也跌了近兩成。迫於無奈，行政院下令暫停股匯市交易。

內政部列席官員說，抗議、搶劫、藍綠互毆事件頻傳，警政署已下令所有警察取消休假，增派街頭巡邏警力。至於機場，入境幾乎看不到旅客，出國機票價格漲了一倍，還會繼續上漲，因為一票難求。

國安局的報告是重頭戲，可惜局長話不多，先是鞠躬道歉未能事先掌握此重大情報，接著表示北京這一次是吃了秤砣鐵了心，別說臺灣，美國干預他們也不會退讓。

無需局長說明，任誰都明白事態嚴重，兩岸幾乎等同開戰，這時能冀望國防部嗎？

國防部長的報告也很短，但非常關鍵：過去數十年，建軍的最高指導是防衛臺灣。如果敵人打過來，國防部有信心擊退。然而這一次對岸沒有打過來，而是在距離臺灣八十海浬以外，建立南北兩個臨檢區，這從來不是國防部設定的作戰想定。

往日這種報告，鐵定被委員痛加羞辱，今天情況不一樣，只有執政黨國防召委詢問：「中共有布水雷嗎？」

部長回道：「左營軍港外已經發現一枚，獵雷艦正在處理。」

「什麼時候能夠全面清除，恢復航道暢通？」

部長遲疑了一下：「正在評估，有結果再向委員報告。」

「海軍能派潛艦攻擊嗎？」

「如果總統下令。」

海軍副司令這時在部長身後耳語數句，部長連忙補充：「先必須清除水雷，否則潛艦無法出港。」

溫州東方一百二十五公里，韓航四四二

難忘昨晚的一夜情，正駕駛正想得出神，副駕駛碰了他一下。

正駕駛露出不悅的面容：「你這傢伙，怎麼啦？」

副駕駛指著窗外。

正駕駛順著指尖看過去，遠處有兩架戰鬥機對著他們飛來。

無線電傳來不太標準的英語：「呼叫、呼叫，不明機，這是中國空軍，回答。」

正駕駛壓下發話鍵：「這是韓航四四二，回答。」

「何來？何往？」

「首爾，桃園機場。」

「右轉，跟隨我。」

正駕駛脫口而出：「為什麼？」

「我再說一次，右轉，跟隨我。」

語氣有命令的腔調，正駕駛正想追問，一架戰鬥機已加速橫越他的前方。

在空中，這是危險動作。

正駕駛嚇了一跳，連忙說：「OK，我右轉，跟隨你。」

副駕駛壓低了聲音：「前輩，我們跟他去？」

「你這傢伙想幹什麼？人家是戰鬥機，我們是什麼機？」

臺北，總統府

會議已經進行一個多小時，便當原封不動地擺在桌上。人在極度緊張的時候，胃會失去知覺，不會想吃飯。不過，這時候在會議室的眾人只有總統是總統，有些人感覺餓了。

可是總統不吃，誰敢吃？

國安會祕書長上了年紀，習慣該吃飯的時候就得吃。眼見總統猶猶豫豫，終於忍耐不住，主動歸納道：「二選一，談判或對撞。」

總統冷言問：「談一國兩制？」

「比對撞好。」

「現在被逼到角落，我們還有什麼談判籌碼？」講到這，總統環視國安團隊，希望大家給點意見。

誰敢給意見？講什麼都被總統修理，因而總統目光掃到誰，誰就低頭看桌面。

沒辦法，總統目光回到國安會祕書長。

祕書長舉起右手，剎那間有豎起中指的衝動，當然最終還是豎起了食指：「談判的時候掌握一個原則，要抓住這一個原則——堅持軍隊掌握在我們手上。臺灣和香港最大的不同就在軍隊，香港沒有，我們有。北京口口聲聲統一，我們什麼都可以退讓，但一定要堅持軍隊獨立。只要有自己控制的軍隊，就有反彈的實力，不會像香港那樣讓北京予取予求。」

總統似乎聽懂了，伸手打開便當的盒蓋，若有所思吃起來。

▼下午兩點

臺北，總統府

機要祕書整理完會議資料，起身走向總統辦公室，輕輕敲門。

門後傳來細細的一聲：「進來。」

祕書推開門，只見總統站在窗前，默不作聲看著天空。祕書輕手輕腳走過去，來到總統身後，輕咳一聲。

總統彷彿沒有聽到。

祕書加重音量：「你不能答應他們。」

總統轉過身來，看著這位跟隨他三十多年的祕書。

「你想過自己沒有？這年頭，人不為己，天誅地滅。掌握軍隊又怎麼樣？一國兩制，中共來了，你要煩惱的是他們會怎麼對付你，不是怎麼對付軍隊。

軍隊獨立怎麼樣？不獨立又怎麼樣？中共會怎麼對付你呢？派你當臺灣特首？別作夢了。你是中共的眼中釘，如果他們把你驅逐出境，算仁慈嘍。我說他們一定跟你算舊賬，說你貪污，把你關起來，清算你所有財產。」

畢竟跟了總統三十幾年，幾句話就把總統點醒了。

其實，真如此嗎？祕書真正在意的是什麼？前面那一大段話，壓在祕書心底的只有一句：人不為己，天誅地滅！

如今祕書在總統府呼風喚雨，他的權力來自誰？

總統就算垮了，仍是「前總統」。

祕書呢？

眼見總統同意國安會祕書長的談判建議，祕書氣得咬牙吐血啊！

▼下午五點

臺北，總統府

真是忙碌的一天，不管是誰，每個長官都有許多必須緊急處理的重要工作。

直到這一刻，國安團隊總算到齊了。

總統在機要祕書陪同下走進會議室，周到的和眾人點頭。

瞧見總統在這麼短的時間恢復從容的神態，大家有點意外，又有點慶幸，國家還有希望啊！

坐下以後總統鎮定地看看大家，然後用堅定的語氣說：「我做了決定。」

眾人默不作聲，靜待總統說答案。雖然答案可以預期，但一定要總統親口講出來。

「我們要珍惜臺灣奮鬥幾十年，得來不易的民主；不管必須付出什麼代價，我們要堅持臺灣價值，守護臺灣人民自由的生活方式。」

聽到這，國安會祕書長的下巴差點掉下來。

「各位有什麼意見？」

祕書長疑聲問：「決定兩岸對撞？」

總統覺得祕書長的口氣很差，不悅地反問：「你怕了嗎？」

「幾個小時以前你不是才決定談判？」

「那是幾個小時以前。」

「會不會……，幾個小時以後你再度改變決定？」

總統重拍桌：「那也是我當總統的權力。」

祕書長狀似點頭同意，卻問：「你希望國防部怎麼配合？」

「國防部必須依照我的命令『執行』，不是『配合』。」

「好、好，你希望國防部怎麼執行你的命令？」

總統轉頭望向國防部長：「有什麼計畫？」

部長挺直胸膛：「請總統指示。」

總統覺得這是反話，冷笑幾聲道：「你們不是有十八套劇本嗎？」

「都是防衛計畫，國防部缺少遠程、境外攻擊計畫。」

總統提高音量：「我現在命令你立即擬定遠程、境外攻擊計畫。」

大家臉色都不好，總統懶得和他們計較，轉過臉看著國安局局長：「你有什麼意見？」

局長臉一轉，望著反方向，用沙啞的聲音說：「請總統指示。」

砰一聲重響，總統怒擊桌面。

祕書長勸解道：「好啦，好啦，我們這年記，這階層，這是幹什麼？有必要嗎？不都是為了國家？」講到這，祕書長停頓片刻，睜著大眼看總統：「我們都是為了國家吧？」

「你不是嗎？」

向來老沉持重的祕書長，這時乾笑幾聲：「我就幹到今天，現在，此時此刻，謝謝總統照顧，再見。」

在眾人訝異的目光中，祕書長起身便走。

總統還在怒目而視，國安局局長也站起身來，本來想講什麼，後來一個字都沒講，翻身就走。

卻不料一波未平，一波又起。國防部長起身對總統行了個舉手禮：「謝謝總統提拔，我現在請辭。」

總統喝斥：「誰准你辭職？」

部長理也不理，逕自推門而去。

目睹三個重要官員離去，總統怒火高漲，心底也猛然升起一股寒意，轉過頭看著其他人，發現每個人都躲著他的目光。

大難來時各自飛、牆倒眾人推——總統心頭閃過這兩句話，也在這時猛然憬悟，往日之所以威風八面，眾人唯他馬首是瞻，不是因為他神勇英武，而是他手中抓了權力，擁有決定他人未來的實力。一旦失去這個力量，他什麼都不是。

短暫慌亂過後，總統強自打起精神，整了整面容，對機要祕書使了個眼神。

機要祕書建議道：「他們在工作上都犯了嚴重錯誤，就算不請辭，也要為今天的變局下臺。建議總統發布新聞稿，他們自請處分辭職，總統勉為同意。」

▼下午六點

臺北，總統府

總統心情還未平復，立法院院長已帶著各黨團總召前來。雖然機要祕書說總統正在處理要務，不方便接見，但院長帶著四個總召長驅直入。

五個大立委對上一個總統，誰勝誰負還在未定之天。

服務人員才端著咖啡走進來，院長便說：「出去，不要進來。」

聽聽院長這口氣、瞧見這陣勢，總統起了警覺，似乎院長覺得自己是老大。

可能今天是所有臺灣政治人物最不客套的一天。服務人員才離開，院長一轉臉便說：「立法院下午開臨時院會，七票反對，一百零三票同意，倒閣。」

總統心裡直打鼓：「給我三天時間提交新內閣名單。」

「臨時院會還有第二個討論案——總統辭職。四票反對，四張廢票，一百零二票同意。」

總統仰起臉：「臺灣是民主國家，我是民選總統，罷免我，必須依照民主程序。」

「立法委員代表民意，院會行使的就民主程序。如果是一般狀況，你說的正確。但是今天國家處於非常狀況，非常狀況就要用非常手段。」

▼下午十一點

臺北，總統府

當門被推開，總統非常意外，陪同美國在台協會處長而來的貴賓，居然是美國國務卿！他暗自竊喜，派如此重要的大人物來臺，顯然美國願意力挺臺灣。明早發布這新聞，必然對自己的聲望有起死回生的效果。

國務卿露出燦然的笑容，大張雙臂走過來，熱情地擁抱總統，讓人有快要窒息的感覺。

國務卿落座，總統落座，翻譯這才落座。

處長微笑不語，國務卿在座，此時沒有他講話的分。

國務卿蹺起二郎腿：「我代表美國總統向你問候。」

翻譯正要開口，總統示意免了，直接以英文溝通：「請代我向貴國總統致意，祝他健康。」

「總統要我問你，你準備怎麼辦？」

「堅持美國建國兩百多年追求自由民主的精神！」

「講清楚一點。」

「不談判，不妥協。」

這問題在飛來的路程中，國務卿想了又想，所有問題的答案都考慮過。聽到這回答，國務卿直言道：「準備採取什麼行動？」

「我們需要美國支持？」

「提供武器？」

「出兵警告並阻止中國。」

「美國為什麼要出兵和中國對抗？」

「一旦失去臺灣，美國就會失去最忠實的朋友，讓中國海軍勢力走出第一島鏈。」

「又怎樣？」

「又怎樣」的英文是「So what」——就這兩個字，是美國國務卿在臺灣存亡之際的「結論」。

「窒息封鎖」充滿想像，特別是美、臺高層反應，你可以當成看電影，哈哈一笑不予理會。不過，笑完以後，該不該冷靜想一想：如果北京真採取類似的封鎖手段呢？

縱然不派南、北封鎖艦隊，不布水雷，單單是管制人民來臺與斷絕兩岸經貿，臺灣承受得起嗎？

另外，此想定以水雷封鎖為主。之所以選擇水雷，因為所有戰爭型式之中，水雷沒有你來我往的實兵對戰，少了「你一槍、我一彈」的流血衝突，戰爭規模容易控制。再加上水雷價廉、威嚇效果佳，若我是決策者，水雷封鎖臺灣是優先考慮的手段。

至於「So what」，那不是幻想。

當年臺海危機，海軍某高階將領前往華盛頓，試圖爭取某重要軍事裝備。雙方座談會，他舉盡理由說明「若臺灣無此裝備，國家安全會受到何等嚴重的影響」。

聽完他的理由，美國某高階長官就說了這兩個字。

這件事是那位學長親口告訴我的，聽得我內心欷歔不已。

第七章 武統可能手段

「可能手段」是可以這麼做，但未必這麼做。而即使這麼做，能否達到目標又是另外一個話題。

以下條列的可能手段，發生機率以「高、中、低」概估——非常武斷，討論空間很大。

不要太在意是高或低，因為不管高低，都代表一種可能。每種可能都是決策者握在手中的一張籌碼。這盤局要怎麼賭，戰場瞬息萬變，決定的因素很多。正如同第四、五、六章「想定」，過程幾乎都是「你來我往」的互動——某一個時間點，某一方的行動改變，很可能就改變後面的發展。

另外，今日戰爭講究「超限戰」，只要有助於獲勝，任何手段都是戰爭的選項。至於戰爭……，好比說武統，可能是下列手段中的某五個、某十個，或甚至二、三十個的組合。

現在言歸正傳。

假如北京發動武統，可能手段如下：

一、孤立臺灣

既然臺灣口口聲聲獨立，北京就讓你徹徹底底孤立（高）。

二、以商逼政

（一）斷絕兩岸經貿往來（高）。

（二）全面禁止陸港澳向臺輸出及採購商品（高）。

三、封鎖臺灣

（一）水雷封鎖：布放水雷於臺灣各港口對外航道（中）。

（二）潛艦封鎖：埋伏於臺灣首尾，攻擊進出臺灣商船（低）。

（三）空中封鎖：戰機繞行臺灣，禁止客機與貨機在臺起降（低）。

（四）海面封鎖：臺灣南北各派水面艦隊，臨檢進出臺灣商船（低）。

四、網軍攻擊

（一）製造網路話題，攻擊對手，帶風向（高）。

（二）破解碼密，入侵私人或公家電腦（高）。

（三）入侵對手網站、社群軟體、雲端資料系統等（高）。

（四）干擾對手通訊、指揮、情報傳遞、決策（高）。

（五）搜集敵情，植入假情報（高）。

（六）影響對手自動控制系統運作，例如發電廠、核電廠、防洪系統、配電設施、銀行系統（高）。

（七）干擾、操控對手軍事用途電腦系統，例如衛星、戰機、戰艦、作戰中心，或甚至士兵使用的掌上型電腦（高）。

五、媒體戰

（一）瓦解人民心防，散播臺灣軍方一戰即潰的形象（高）。

（二）醜化臺獨政府，揭露重大弊案（高）。

（三）宣揚臺人治臺、一國兩制、五十年不變的和平政策（高）。

（四）收買意見領袖、政治人物、名嘴、記者、學者、智庫、網紅、媒體、宗教領袖……（高）。

六、策反

（一）重金賄賂政府官員、國軍將領、國安人員、情報人員（高）。

（二）吸收對臺獨政府不滿的在職或退職軍公教（高）。

七、製造臺灣社會動亂

（一）出錢資助政黨與社團，以自由之名行反政府之實（高）。

（二）收買民運人士、黑幫、失業青年參與示威遊行，製造街頭暴動（高）。

八、特攻作戰

（一）綁架政府官員與家屬（高）。

（二）綁架臺獨分子（中）。

（三）攻擊傳統發電廠與傳輸設施（中）。

（四）攻擊核電廠（低）。

（五）攻擊通訊中心（中）。

（六）攻擊加油站、儲油槽、煉油廠（中）。

（七）攻擊重要軍事設施（中）。

（八）攻擊重要交通設施（中）。

（九）攻擊並控制電子媒體（中）。

九、武力威嚇

（一）戰鬥機、轟炸機、電偵機繞臺飛行（高）。

（二）航母戰鬥群、戰艦繞臺航行（高）。

（三）海峽實兵、實彈、兩棲登陸演習（高）。

（四）釣魚島實兵、實彈演訓（中）。

（五）臺灣東部海域實兵、實彈演訓（高）。

（六）三軍聯合演習，模擬奪取外島計畫（高）。

（七）臺灣重要港口外海域，導彈射擊演訓（高）。

（八）中央山脈無人山頭，導彈射擊演訓（低）。

（九）中央山脈由南向北，每隔五〇公里發射導彈一枚，接連射擊三枚；若再發射第四枚，彈著點在總統府（低）。

十、局部軍事衝突

（一）擦槍走火致戰機相互攻擊（中）。

（二）擦槍走火致艦艇相互攻擊（低）。

（三）艦艇戰機相互攻擊（低）。

（四）砲擊外島（低）。

十一、攻占外島

（一）突襲東沙、太平島（中）。

（二）突襲塢坵、馬祖、金門、澎湖、綠島、小琉球（低）。

十二、柔性政變

揭露重大弊案，執政黨多位要員涉入，迫於民意，內閣總辭，總統下臺（低）。

十三、軍事政變

收買軍事將領，配合中共特攻人員發動軍事政變（低）。

十四、潛艦伏擊

封鎖的目的在恐嚇，選擇性地攻擊某些目標；伏擊處於戰爭狀態，不管目標種類，一旦進入魚雷射程就攻擊（低）。

十五、空降攻占機場

特戰兵迅速空降民用與軍用機場，奪取機場控制權（中）。

十六、大規模空降

大規模空降占領戰術要地（低）。

十七、反輻射飛彈攻擊

（一）岸置雷達站（高）。

（二）機動雷達站（高）。

（三）防空飛彈陣地（高）。

（四）軍艦（中）。

（五）岸置攻船飛彈陣地（中）。

十八、戰術導彈／遠程火箭砲攻擊

（一）軍用機場（中）。

（二）軍用港口（中）。

（三）防空飛彈陣地（中）。

（四）岸置攻船飛彈陣地（中）。

（五）防砲陣地（中）。

（六）彈藥庫（中）。

（七）軍事營區（低）。

（八）雷達站（高）。

（九）作戰指揮中心（中）。

（十）通訊中心（中）。

十九、巡弋飛彈攻擊

戰術導彈破壞力強，精度較差。巡弋飛彈破壞力相對雖弱，但精度提升，適合遠程、精準、外科手術式攻擊（中）。

二十、太空戰

（一）反衛星導彈摧毀臺灣通訊衛星（中）。

（二）GPS干擾機干擾GPS信號，造成電子導航、電子海圖出現嚴重錯誤（中）。

二十一、非核「電磁脈衝彈」攻擊

電磁脈衝彈只傷裝備，不傷人，能夠破壞電子裝備，造成通訊、偵搜、射控，以及指揮系統故障（中）。

二十二、核電磁脈衝彈攻擊

功能類同「非核電磁脈衝彈」，但因為是核武，威力遠大於前者（低）。

二十三、戰術核武攻擊

與戰略核武相比，戰術核武射程近、精度高、威力小、多樣性、易搭載、機動性強（低）。

二十四、戰鬥機攻擊

（一）空對空（中）。

（二）空對海（中）。

（三）空對地（中）。

二十五、轟炸機攻擊

（一）軍用機場（中）。

（二）軍事要地（中）。

（三）非軍事重要目標（低）。

二十六、遙控無人「戰機」攻擊

中國改裝逾千架殲六，安裝衛星導航系統、自動駕駛控制系統、自動飛彈發射系統，將退休「有人戰機」改成遙控無人戰機（中）。

二十七、無人機群攻擊

價廉、量大、航程短的無人機群，攜帶微量炸藥，發揮螞蟻雄兵的效果（中）。

二十八、兩棲登陸

類似二次大戰的兩棲登陸（低）。

二十九、空降攻占港口

空降特戰兵突擊港口，取得港口控制權，容許商船載運軍隊靠泊碼頭（中）。

三十、航母戰鬥群阻絕美軍靠近臺海

武統前數日，以演訓名義派遣航母戰鬥群至臺灣東部海域，演習結束後滯留不回（低）。

三十一、生化武器攻擊

生化武器具備「殺傷力強、潛伏期短、傳染性高」的特性，假如有適當選項，不易造成「鎖定目標」以外的傷亡，使用的可能性高於傳統武器（中）。

三十二、傳統核武攻擊

中國人對中國人的戰爭，不管誰做決定，都將難以面對歷史（低）。

尾聲……

讓時間解決

美國是世界第一強權，「天下無敵」的霸氣可以從國防預算看個大概。

過去三、四十年，美國國防預算不僅持續排名全球第一，甚至超越其後十個國家加起來的總和。

和美國相比，所有國家的國防預算都無足輕重，軍事戰力更難望項背。

如此強大的美國，二〇〇一年進攻「幾乎使用二次大戰武器」的阿富汗，戰爭整整打了十年，每年花費逾千億美金，最終猶未能取得決定性勝利。

從阿富汗戰爭看兩岸，中共軍力遠不及美國，國軍戰力遠強過阿富汗，為什麼對統獨之戰，臺灣內部在討論能夠撐幾天、幾週？

為什麼如此沒自信？

統獨之戰，臺灣的問題出在心防，不是國防。臺灣最大的威脅是失敗主義，不是解放軍的飛彈、導彈、火砲、坦克、戰機、軍艦、潛艦、航母。

我不認為中共會大打特打，因為不必打，臺灣已在經貿被封鎖的狀況下被逼得坐上談判桌。

一旦談判，以中國人的文化功力，字斟句酌的龜毛個性，談個天荒地老也不意外。

難道北京會容忍這一切？

會！

話講白了，只要臺灣不獨立，管你怎麼吵、怎麼鬧，北京都懶得理你。

北京現階段發展的最高目標是經濟。

經濟是所有問題的核心。

從經濟的角度看兩岸，北京領導人心裡十分清楚，中國蒸蒸日上，臺灣日漸沉淪。也因此，只要臺灣不獨立，統一的優勢站在北京那一邊。

兩岸統一，現階段有一定的難度。

有朝一日，中國和美國平起平坐，或甚至超越美國的富庶，統一還是難事嗎？

不要急，許多事情時間會解決，也只有時間能夠解決。

24 小時解放臺灣？：中共攻臺的N種可能與想定 / 黃河作 .-- 初版 .-- 臺北市 : 時報文化 , 2020.07
面；　　公分 .--（歷史與現場 ; 283）
ISBN 978-957-13-8275-3(平裝)
1. 軍事戰略 2. 兩岸關係
592.4
109009072

ISBN 978-957-13-8275-3
Printed in Taiwan

歷史與現場 283
24 小時解放臺灣？：中共攻臺的N種可能與想定

作者　黃河｜**副主編**　謝翠鈺｜**封面設計**　斐類設計｜**美術編輯**　SHRTING WU｜**董事長**　趙政岷｜**出版者**　時報文化出版企業股份有限公司　108019 台北市和平西路三段 240 號 7 樓　**發行專線**—(02)2306-6842　**讀者服務專線**—0800-231-705・(02)2304-7103　**讀者服務傳真**—(02)2304-6858　**郵撥**—19344724 時報文化出版公司　**信箱**—10899 台北華江橋郵局第九九信箱　**時報悅讀網**—http://www.readingtimes.com.tw｜**法律顧問**　理律法律事務所　陳長文律師、李念祖律師｜**印刷**　勁達印刷有限公司｜**初版一刷**　2020 年 7 月 10 日｜**定價**　新台幣 320 元｜缺頁或破損的書，請寄回更換

時報文化出版公司成立於 1975 年，並於 1999 年股票上櫃公開發行，
於 2008 年脫離中時集團非屬旺中，以「尊重智慧與創意的文化事業」為信念。